"多媒体画面语言学"研究系列丛书

全国教育科学"十四五"规划 2021 年教育部青年课题"提升知识活力的 AR
教材设计：机制与路径"（项目编号 ECA210407）资助

AR 学习资源画面优化设计研究

刘潇 著

U0249446

南开大學出版社

天 津

图书在版编目(CIP)数据

AR学习资源画面优化设计研究 / 刘潇著. —天津：
南开大学出版社，2022.12
("多媒体画面语言学"研究系列丛书)
ISBN 978-7-310-06396-3

Ⅰ.①A… Ⅱ.①刘… Ⅲ.①人机界面－程序设计－
研究 Ⅳ.①TP311.1

中国国家版本馆 CIP 数据核字(2023)第 013152 号

AR学习资源画面优化设计研究
AR XUEXI ZIYUAN HUAMIAN YOUHUA SHEJI YANJIU

南开大学出版社出版发行
出版人：陈　敬
地址：天津市南开区卫津路 94 号　　邮政编码：300071
营销部电话：(022)23508339　营销部传真：(022)23508542
https://nkup.nankai.edu.cn

河北文曲印刷有限公司印刷　全国各地新华书店经销
2022 年 12 月第 1 版　　2022 年 12 月第 1 次印刷
260×185 毫米　16 开本　11.25 印张　274 千字
定价：68.00 元

如遇图书印装质量问题，请与本社营销部联系调换，电话：(022)23508339

序

《AR学习资源画面优化设计研究》是天津师范大学教育技术学科原创性研究成果"多媒体画面语言学"研究系列丛书之一。近年来,多媒体画面语言学研究已构建完成包括画面语构学、画面语义学和画面语用学在内的基本理论框架,并在此基础上逐渐形成基础研究与应用研究两大分支,这标志着我们的研究不再只是单纯地考虑画面元素及属性的设置,而是更多地立足于教学实践来进行探讨。"AR+教育"是当前教育领域研究者关注的重点,本书中的研究尝试从多媒体画面语言学的观点出发来解决"AR+教育"中存在的问题,是应用研究分支的典型案例。

当前,"AR+教育"有着较高的研究热度,但同时二者也面临着"融合效果不理想"的现实问题。针对这一现状,我们发现与学习者关系最为紧密的AR学习资源画面本质上是一种多媒体画面,但其与过去我们所研究的传统多媒体画面又有所区别,主要表现为该画面是由虚实画面叠加而来的。这种"叠加",使得AR学习资源画面拥有了空间视角、深层交互、具身形态等新特点。显然,以往我们的研究成果在指导AR学习资源画面设计方面是存在局限的。因此,我们认为,为了切实解决"AR+教育"的融合难题,开展专门针对AR学习资源画面优化设计的研究是十分必要的。

《AR学习资源画面优化设计研究》一书界定了AR学习资源画面的概念,以此为基础先后构建了AR画面设计的理论模型和操作模型。为验证模型的有效性,书中采用了实验研究、访谈研究、内容分析等方法对由模型推衍出的部分命题进行了探讨,并归纳出若干AR画面设计策略。该书的亮点有二:一是立足点聚焦,针对AR学习资源画面进行了全方位深入的分析,突破了以往研究只关注二维画面的局限;二是思路严谨,最终设计策略的提出是由概念界定、理论模型构建、操作模型构建、模型验证等环节一步步推演而来,更具说服力。以上工作能够有效优化AR学习资源的画面设计质量,实现AR技术与教育的高效融合,并进一步推动多媒体画面语言学在应用领域的发展。

作者刘潇是我于2016年招收的博士生,现任天津师范大学教育学部教育技术系教师。刘潇博士在读和毕业后持续研究AR学习资源画面设计的相关问题,目前是SIG-LMD(多媒体画面语言学特别研究组)的核心成员之一,也一直参与着我的国家级课题"信息化教育资源优化设计的语言工具:'多媒体画面语言学'创新性理论与应用研究"。2021年,刘潇成功申请一项教育部青年课题"提升知识活力的AR教材设计:机制与路径",这意味着她在相关领域已经具备较好的学术积淀和较好的发展前景。

刘潇博士是个默默深耕、从不喧哗的青年学者,但当你见到她的成果时,就会被她的研磨之深、思考之细所折服。"宝剑锋从磨砺出,梅花香自苦寒来",刘潇博士正是基于自己孜孜不倦的深耕精神,打磨出了这部很有深度和创新意义的优秀著作,体现了她的优秀的科研底蕴。希望刘潇博士以本书出版为契机,进一步积极探索多媒体画面语言和AR技术的新领域,将本书研究成果积极应用于教育教学实践,帮助解决AR技术与教育教学的深度融合问题，不断优化 AR 学习资源设计质量，促进学生学习效果的提升。

王志军
于天津师范大学
2022 年 10 月

前　言

　　"技术赋能学习"的观点强调以学习者为中心，技术为学习者的学习提供支持，体现了人们对技术价值的理解从最初强调学习者"学会使用技术"到"应用技术学习"，再到"利用技术变革学习"的转变过程。情境学习理论认为，思维和学习只有在特定的情境中才有意义，应当把个体的认知和学习放在更大的物理和社会境脉中。因此，逼真性问题既是情境学习理论的核心问题，也是学习科学的重要议题。

　　AR 技术的出现将现实世界和数字媒体的优势结合起来，为赋能情境学习、变革学习方式创造了条件。越来越多的研究者将目光聚焦于如何利用 AR 技术来促进情境学习，然而，技术在教育中的应用不仅要"合目的"，还要"合规律"。只有明确了学习者的真正需求，变"人适应技术"为"技术适应人"之后，AR 技术的教育优势才能得到充分发挥。AR 学习资源是 AR 技术的主要承载物，其画面是学习者与 AR 学习资源之间的对话接口，画面设计质量直接关系到学习者能否实现对现实世界的深刻理解。因此，应当对 AR 学习资源的画面设计进行深入探讨，挖掘其中的规律以更好地支持认知、促进认知。

　　源于 AR 技术的"叠加"特点，本书从多媒体画面语言学的视角出发，将 AR 学习资源画面（以下简称"AR 画面"）视为一种具有全新内涵的媒体画面。本书结合增强现实和多媒体画面两大概念，对 AR 画面的内涵进行了界定，并将 AR 画面划分为 A 画面和 R 画面两大部分，认为 AR 画面是由这两类画面按一定的约束关系叠加而成的。在明确了 AR 画面内涵的基础上，本书提出 AR 画面具备空间视角、深层交互和具身形态三大特征。对 AR 画面内涵及特征的理解，开启了 AR 画面设计研究的大门，为后续研究奠定了坚实的基础，也丰富了多媒体画面语言学的研究内容。

　　综观国内外相关研究，发现存在 AR 画面设计研究少、AR 应用促进学习研究多等特点。目前的 AR 画面设计研究主要局限于对多媒体学习原则的应用，未能对教学系统各要素进行全面考量。AR 技术促进学习研究和多媒体画面设计研究中包含大量的实证案例，可以为确认 AR 画面设计的有效性提供参考。两类研究在研究方法上存在互补，可以为 AR 画面设计研究提供方法论指导。本书借鉴了上述研究的观点和方法，明确了 AR 画面设计研究的系统化、生态化取向。

　　本书主要以多媒体画面语言学理论为依据，充分借鉴画面语构学、画面语义学和画面语用学的整体框架来开展研究，将 AR 画面设计体系划分为画面语构融合层、画面语义融合层和画面语用融合层。同时，参考了概念整合理论、多媒体学习理论、体验学习理论和具身认知理论，为虚实画面的有效融合提供思路并确保 AR 画面设计符合学习者的认知规律。

　　构建 AR 画面设计模型是保证 AR 画面设计系统化的必要途径，也是本书的核心内容。书中共构建了两类模型：AR 画面设计理论模型和 AR 画面设计操作模型。前者从理论分析的层面指明 AR 画面设计需要重点注意的内容以及总体的设计思路；后者则在理论模型的基础上构建，并以流程图形式呈现，对于普通设计者更具实用价值。为构建 AR 画面设计理论模型，本书将"情境转化"作为逻辑起点，将"'亮点'新质的形成"作为核心目标，将"虚实画面的有效融合"作为重点内容，将"语义融合+语用融合+语构融合"作为设计框架，将"注释设计""场景设计""交互设计"视为 AR 画面设计的设计类型，并以此构建了包含认知层和设计层的理论模型；为构建 AR 画面设计操作模型，本书采用了专家意见征询的方式，分析了 AR 画面设计类型与教学内容的匹配度和各类 AR 画面设计的影响因素，同时利用文献调查法总结了 AR 画面的构成要素及属性，并在此基础上构建出具有流程化特征的操作模型。

　　AR 画面设计模型的构建有助于设计者在设计 AR 画面时对相关因素进行全面考量。然而，该模型只能为设计者提供宏观指导，对于具体的设计细节尚无法提供足够的帮助。因此，有必要提出可以指导具体实践的核心命题。本书参考了国内外关于多媒体学习、AR 学习、多媒体画面设计等领域的相关文献，推衍出有助于注释设计、场景设计和交互设计的 25 个核心命题。

　　仅有理论层面的解释无法证明核心命题的可靠性。对此，本书分别通过实验、访谈和视频分析对部分核心命题进行了探讨，并从中挖掘出 8 条适合于 AR 画面注释设计、场景设计和交互设计的部分策略。

　　本书撰写工作由刘潇完成。在研究、撰写和出版过程中，得到了恩师天津师范大学博士生导师王志军教授的悉心指导和关怀，得到了来自武法提教授、衷克定教授、颜士刚教授等教育技术领域专家的大力支持，也得到了王雪、刘哲雨、阿力木江、温小勇、冯小燕、吴向文、曹晓静等同门的鼎力帮助。

　　限于作者的水平，本书肯定会存在一些不足或错误，望读者不吝指正。

　　本书作为全国教育科学"十四五"规划教育部青年课题"提升知识活力的 AR 教材设计：机制与路径"（项目编号 ECA210407）资助出版项目，得到了天津师范大学教育学部和南开大学出版社的大力支持，在此表示衷心感谢！

目　录

第一章　AR 画面设计研究之缘起...1

　　第一节　研究背景...1

　　第二节　现存问题...5

　　第三节　研究意义...7

　　第四节　基本概念...8

第二章　AR 画面设计研究之现状...12

　　第一节　AR 技术教育应用研究..12

　　第二节　AR 画面设计研究..15

第三章　AR 画面设计研究之路径...29

　　第一节　问题聚焦...29

　　第二节　研究目标...29

　　第三节　技术路线...30

第四章　AR 画面设计研究之理论基础...31

　　第一节　多媒体画面语言学理论..31

　　第二节　概念整合理论..33

　　第三节　多媒体学习理论..34

　　第四节　体验学习理论..36

　　第五节　具身认知理论..37

第五章　AR 画面设计之理论模型...41

　　第一节　理论模型的构建思路..41

　　第二节　理论模型的结构与内容..45

　　第三节　理论模型的特点与意义..50

第六章　AR 画面设计之操作模型...51

　　第一节　操作模型的构建分析..51

　　第二节　操作模型的结构与内容..63

　　第三节　操作模型的特点与意义..66

　　第四节　操作模型的核心命题..66

第七章 AR 画面设计之模型验证...**69**

第一节 基于实验研究的模型验证... 69

第二节 基于访谈研究的模型验证... 126

第三节 基于内容分析的模型验证... 136

第八章 AR 画面设计之策略分析...**140**

第一节 注释设计策略... 140

第二节 场景设计策略... 143

第三节 交互设计策略... 144

第九章 AR 画面设计研究之总结展望...**147**

第一节 本书总结... 147

第二节 未来探索... 149

附　录...**151**

附录 A 专家意见征询问卷... 151

附录 B 学习风格测试卷... 155

附录 C 空间能力测试卷... 157

附录 D 学习动机测量卷... 159

附录 E 认知负荷测量卷... 160

参考文献...**161**

专　著... 161

期刊论文... 161

学位论文... 168

会议论文... 170

第一章 AR 画面设计研究之缘起

当前，信息技术已经渗透到教育的各个领域，对教育发展的影响日益扩大。《国家中长期教育改革和发展规划纲要（2010—2020年）》明确指出："信息技术对教育发展具有革命性影响，必须予以高度重视。"2012年教育部正式发布《教育信息化十年发展规划（2011—2020年）》，对我国的教育信息化建设具有重大指导意义。如何充分理解和有效贯彻信息技术与当代教育的深度融合成为教育界高度关注的一个现实问题。[①]

增强现实技术（以下简称"AR 技术"）是伴随着计算机图形学、人机接口技术和传感技术的飞速发展而成长起来的一种信息技术，近年来得到了广泛关注。作为技术与教育相融合的风向标，《地平线报告》长期致力于预测和描述未来五年全球范围内会对教育产生重大影响的新兴技术，其内容具有很高的权威性。该报告连续多年将增强现实教育应用列为中短期内被采用的教育技术，特别是2020年《地平线报告》（教与学版）明确提出了影响未来教学的6种新兴技术与实践，其中就包括扩展现实技术（AR、VR 等多种技术的统称）。

由此可见，AR 技术与教育的深度融合是 AR 技术发展的必然趋势，也是我国教育信息化建设的客观要求。

第一节 研究背景

一、"AR+教育"的兴起

随着 AR 技术的日益成熟，越来越多的研究者尝试将 AR 技术融入教学和学习当中，并在研究过程中发现了 AR 技术教育应用的优势。主要学者及观点如表 1-1 所示。

表 1-1 关于 AR 技术教育应用优势的学者观点

学者	主要观点
Wu 等[②]	经过对相关文献的分析，发现 AR 的功能在于：①支持以三维视角学习内容；②支持泛在的、协作的和情境式的学习；③使学习者获得存在感、即时感和沉浸感；④支持将不可视的内容可视化；⑤为正式和非正式学习搭建桥梁。

① 杨宗凯, 杨浩, 吴砥.论信息技术与当地教育的深度融合[J].教育研究, 2014, (03)：88-95.
② HK Wu, SWY Lee, HY Chang, JC Liang.Current status, opportunities and challenges of augmented reality in education[J]. Computers & Education, 2013, 62(03)：41-49.

续表

学者	主要观点
Bacca 等[①]	利用系统化分析的方法对 AR 的若干教育优势进行了排序，其中排在前五位的分别是：①有学习收获；②形成学习动机；③促进交互；④支持协作学习；⑤成本低廉。
蔡苏等[②]	将 AR 教育系统的特点和功能划分为五个方面：①将抽象的学习内容可视化、形象化；②支持泛在环境下的情境式学习；③提升学习者的存在感、直觉和专注度；④使用自然方式交互学习对象；⑤把正式学习和非正式学习相结合。
汪存友等[③]	AR 的教育价值在于：①能为学生提供多种形式的数字内容（如声音、3D 动画等），对学生具有一定的吸引力；②能为学生提供虚实结合的情景化学习环境，增强了学生在学习中的存在感和沉浸感；③能通过 3D 模型使抽象的学习内容变得可视化，帮助学生理解抽象概念；④能通过更加自然的交互方式，增强学生的动手操作能力，提升学生的感性认识和体验，促进自主学习；⑤通过与移动计算的结合，更好地将学习活动与社会活动融合在一起。

　　结合上述学者的观点，本书将 AR 技术的教育应用潜力归纳为如下三点。

（一）深化学习者对学习内容的理解

　　学习者的学习离不开动机的驱动，AR 技术允许学习者以自然的方式与学习对象进行交互，从而获得"真实体验感"并激发学习动机。[④]对于一些抽象的、不可见的、具有空间结构的、超越时空域的学习内容，AR 技术能够以可视化的方式将其呈现出来，从而使这些内容变得易于理解。[⑤]对于一些需要体力的动手实践任务，AR 技术赋予学习者虚拟操纵的能力，这使得任务具有更高的精确性，有利于学习者动作技能的培养和迁移。[⑥]

（二）支持泛在环境下的情境式学习

　　早期的 AR 主要通过头盔式设备将虚拟信息叠加到现实世界，在技术层面给学习者造成了较大负担。近年来流行的手持设备具有移动灵活性，大大提高了AR 的普及程度。移动 AR 的移动泛在性使得学习的时间和地点更加灵活，并为学习者提供开放、自主的学习空间[⑦]。

　　① J Bacca, S Baldiris, R Fabregat, S Graf, Kinshuk. Augmented Reality Trends in Education：A Systematic Review of Research and Applications[J]. Journal of Educational Technology & Society, 2014, 17（4）：133-149.
　　② 蔡苏，王沛文，杨阳，等. 增强现实（AR）技术的教育应用综述[J]. 远程教育杂志, 2016,（05）：27-40
　　③ 汪存友，程彤. 增强现实教育应用产品研究概述[J]. 现代教育技术, 2016,（05）：95-101.
　　④ 蔡苏，王沛文，杨阳，等. 增强现实（AR）技术的教育应用综述[J]. 远程教育杂志, 2016,（05）：27-40.
　　⑤ HK Wu, SWY Lee, HY Chang, et al. Current status, opportunities and challenges of augmented reality in education[J]. Computers & Education, 2013, 62（3）：41-49.
　　⑥ I Radu. Augmented reality in education：a meta-review and cross-media analysis[J].Personal and Ubiquitous Computing, 2014, 18（06）：1533-1543.
　　⑦ 周森，尹邦满.增强现实技术及其在教育领域的应用现状与发展机遇[J].电化教育研究, 2017,（03）：86-93.

AR 的另一个作用是连接正式（以课堂为例）和非正式（以博物馆为例）学习环境，以此来弥补传统学习的不足。

（三）促进学习者的参与和协作学习

AR 技术提供给学习者通过手势识别实现与虚拟三维物体互动的机会，允许学习者从不同角度观察物体，体验不同操作对物体形态的改变，这可以极大提高学习者学习的临场感和参与感[1]。在此基础之上，AR 技术可以进一步提高学习者的小组协作能力。例如，弗雷塔斯（Freitas）等[2]发现，在课堂教学中，与不采用技术的情况相比，学习者的协作行为会在分享观察 AR 的体验时有所增加。

二、AR 学习资源的设计与应用

尽管 AR 的教育应用具有巨大的理论潜力，但目前该技术尚未在教育实践中得到大规模应用，主要原因在于优质学习资源的稀缺。现阶段，大多数 AR 系统都是原型系统或专为某个项目开发的系统[3]，难以适应日常学习灵活多变的需要。不同于在课堂中广泛使用的 PPT，AR 学习资源的制作工具技术门槛相对较高，尚未得到普及。AR 学习资源的开发，既需要设计人员有专业的编程能力，又需要设计人员熟悉教育教学规律，然而现实生活中同时具备两种能力的专家很少，这造成了 AR 学习资源设计与应用的脱节，也最终导致优质学习资源的稀缺[4]。

值得庆幸的是，随着 AR 技术的不断发展，AR 学习资源的制作工具日渐成熟，已经出现了一些免费的、无需专业编程能力的 Web AR，为提升 AR 学习资源的数量和质量奠定了基础。因此，未来需要重点关注的问题已经不再局限于技术层面，而在于如何更好地设计 AR 学习资源，以使其遵循教育教学规律，真正提升学习者的学习效果。

三、多媒体画面语言学的指导作用

从技术角度看，AR 资源可分为基于图像 AR（image-based AR）和基于位置 AR（location-based AR）两种类型。[5]无论哪种类型，在完成识别过程后，都将向用户显示的物理元素添加增强资产（augmented assets），包括图片、文字、声音、视频、动画和 3D 模型等（如图 1-1 所示）。这些资源内容通常以画面的形式呈现，用于学习过程时可以被学习者直接感知和体验，是学习者探索现实世界的补充元素[6]，是一种具有全新内涵的多媒体画面，是优化 AR 学习资源的重点内容，我们可依据多媒体画面语言学的相关知识来进行设计。

---

① 徐鹏，刘艳华，王以宁. 国外增强现实技术教育应用研究演进和热点——基于 SSCI 期刊文献的知识图谱分析[J]. 开放教育研究, 2016,（06）: 74-80.

② R Freitas, P Campos. Smart: a SysteM of Augmented Reality for Teaching 2nd grade students[C]. Proceedings of the 22nd British HCI Group Annual Conference on People and Computers: Culture, Creativity, Interaction, 2008, 2: 27-30.

③ M Billinghurst, A Dünser. Augmented Reality in the Classroom[J]. Computer, 2012, 45（07）: 56-63.

④ 于翠波，李青，刘勇. 增强现实（AR）技术的教育研究现状及发展趋势——基于 2011—2016 中英文期刊文献分析[J]. 远程教育杂志, 2017,（04）: 104-112.

⑤ KH Cheng, CC Tsai. Affordances of Augmented Reality in Science Learning: Suggestions for Future Research[J]. Journal of Science education and Technology, 2013, 22（4）: 449-462.

⑥ HK Wu, SWY Lee, et al. Current status, opportunities and challenges of augmented reality in education[J]. Computers & Education, 2013, 62（02）: 41-49.

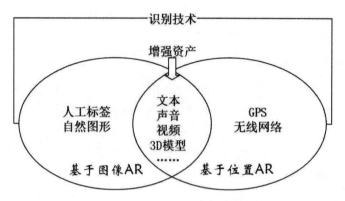

图 1-1 增强资产：AR 资源中的画面要素

  "多媒体画面语言"（Language with Multimedia）这个概念是由我国著名教育技术专家游泽清教授于 2002 年提出的[①]。多媒体画面语言是信息时代出现的一种区别于文字语言的新的语言类型，主要靠"形"表"义"，即通过图、文、声、像等媒体及其组合来表达知识和思想或传递视听觉艺术美感，也可以通过交互功能来优化教学过程，促进学习者的认知提升和思维发展[②]。"多媒体画面语言学"（Linguistics for Multimedia Design，LMD）的出现，则将多媒体画面语言研究上升到了语言学的层次，其研究目标是使信息化教学中多媒体学习材料的设计、开发和应用有章可循，从而促进信息化教学情境下教学效果的提升。

  到目前为止，多媒体画面语言学已经对规范学习资源的设计发挥了积极作用。例如，游泽清教授在经验总结的基础上，提出了 8 个方面、共 34 条多媒体画面艺术规则[③]，使得多媒体画面艺术设计更有针对性和操作性。王雪[④]通过眼动实验，提出了多媒体画面的文本要素设计规则；温小勇[⑤]针对多媒体画面设计中存在的"图文割裂"问题，归纳出了一系列教育图文融合设计规则；吴向文[⑥]立足于多媒体画面中的"交互"要素，研究得出了数字化学习资源中的交互性设计规则；冯小燕[⑦]从促进学习投入的角度，总结出面向移动学习资源画面的设计规则；曹晓静[⑧]从表征影响学习注意的角度，探讨了学习资源画面的色彩设计规则；等等。从多媒体画面语言学的发展阶段来看，该理论已从基础研究逐步走向应用阶段。从画面语言的角度来研究 AR 学习资源的设计，有利于弥补当前设计与教学应用之间的鸿沟，并使 AR 学习资源的设计有章可循。

① 游泽清. 多媒体画面艺术基础[M]. 北京：高等教育出版社，2003.
② 王志军，王雪. 多媒体画面语言学理论体系的构建研究[J]. 中国电化教育，2015，(07)：42-48.
③ 游泽清. 多媒体画面艺术设计(第 2 版)[M]. 北京：清华大学出版社，2013.
④ 王雪. 多媒体画面中文本要素设计规则的实验研究[D]. 天津：天津师范大学，2015.
⑤ 温小勇. 教育图文融合设计规则的构建研究[D]. 天津：天津师范大学，2017.
⑥ 吴向文. 数字化学习资源中多媒体画面的交互性设计研究[D]. 天津：天津师范大学，2018.
⑦ 冯小燕. 促进学习投入的移动学习资源画面设计研究[D]. 天津：天津师范大学，2018.
⑧ 曹晓静. 学习资源画面色彩表征影响学习注意的研究[D]. 天津：天津师范大学，2020.

<h1 style="text-align:center">第二节 现存问题</h1>

一、AR学习资源画面的表征问题

目前市场上的AR学习产品以AR图书为主，具体包括AR教材和AR认知卡两大类。从市场份额来看，面向学龄前儿童的AR认知卡远高于专业的AR教材，这一方面是源于利益的驱使，另一方面实际上是利用了AR能呈现"魔幻效果"的噱头。学龄前儿童对于新奇的事物很感兴趣，因此很多商家在设计宣传语时会过度强调其娱乐效果。一般来说，会将类似于"3D立体效果、有声动画、真人发音"等内容列在所有功能之首。而从这类产品的用户反馈来看，家长在填写评价信息时很少关注孩子是否通过该产品提升了学习效果，更多的描述通常关乎孩子对该产品的兴趣，例如："孩子挺喜欢玩这个的，可以一起照相，棒棒哒"，"通过软件可以把卡片的动物弄得那么活，太好了"等。在内容设计方面，很多产品并未考虑到知识的多样性，设计千篇一律，其中尤以"动物类"（特别是恐龙类）词汇居多。

综合以上的发现，现有的AR学习资源画面设计普遍存在"形式大于内容"的问题，这是因为，无论是资源的设计者还是使用者，都普遍将AR视为一种"娱乐"工具而非"学习"工具。

二、AR学习资源画面的认知问题

已有研究发现，学习者在利用AR技术进行学习时，有时会出现认知超载、注意力隧道效应等问题。

第一，学习者面对大量信息时容易出现认知超载。AR环境中，由于学习的开放性、生成性、复杂性，学习者通常需要进行多项复杂任务及大量信息的处理，同时还需要驾驭多种设备，因而容易出现认知超载的情况。[①]

第二，学习者容易产生注意力隧道效应（Tunneling Effect）。与纯文本信息相比较，AR系统的活动图片、音视频混合展示的方式更加丰富、有趣，因而用在教学中，学习者可能会将注意力更加集中在内容展示的形式上，忽略需要学习或理解的重要内容，甚至有些学习者因此更加不愿意阅读文字信息。此时，AR系统的作用相当于一个隧道，对学习者形成注意力隧道效应，缩小了学习者的关注面。

上述问题归根到底是认知负荷的问题。根据认知负荷理论，无效的认知负荷会占用大量认知资源从而导致学习者无法对学习材料进行深层加工，是需要被着力降低的因素。无效认知负荷主要是由于学习材料的不合理呈现而导致的，因此规范AR学习资源的画面设计实际上就是要尽可能利用科学手段减少不必要的认知负荷，进而解决AR给学习者造成的认知负面影响。

三、AR学习资源画面的规范性问题

通过对一些主流AR学习产品的分析，可以发现它们在资源画面设计方面的规范性存在缺失，情况如下三个方面。

---

① 周森, 尹邦满. 增强现实技术及其在教育领域的应用现状与发展机遇[J]. 电化教育研究, 2017, (03): 86-93.

（一）资源画面设计缺乏对教学内容的足够关注

画面的作用在于"以形表义"，画面的设计应当能准确反映教学内容并确保学习者不会产生歧义。现实中的很多 AR 学习资源重视 3D 模型的设计，以便给学习者留下直观、深刻的印象，但在画面与知识之间的关联方面考虑不够充分，致使学习者"只记'形'而不记'义'"。

例如，图 1-2 所示的是一款 AR 识字资源，通过大、小两个球的比较来向低龄儿童展现"大"这个汉字。然而，测试结果显示，儿童对形象化的球印象深刻，而对"大"字记忆不深，以致于将"大"误读为"球"。[①]

图 1-2 AR 识字资源画面示例：大

（二）资源画面设计缺乏对教学环境的全面考量

学习者认知水平的提高离不开教育系统各要素的协同发展，资源画面设计也与教学环境（教学者、学习者、媒介）息息相关。特别是学习者，作为认知活动的主体，具备自身特有的认知规律，只有当资源画面设计符合学习者的认知规律时，才有助于学习者对知识的建构。然而，现实中的一些 AR 学习资源往往凭借经验和直觉来设计，对教学环境各要素及要素之间的关系缺乏足够的考量。

例如，图 1-3 所示的是一款 AR 英语学习资源，儿童将卡片置于移动设备的摄像头后，屏幕上会呈现出"小狗"的 3D 模型，同时设备会用语音形式播放小狗的英文单词"dog"，但屏幕上未显示"dog"的文字形式。基于双重编码理论，相比文字和语音同时呈现，单独呈现语音可能会导致儿童以一种"低效率"的方式识记单词。

图 1-3 AR 英语学习资源示例：小狗

---

① 刘潇，王志军，李芬，等.增强现实技术助力幼儿汉字学习的效果及策略研究[J]. 中国教育信息化, 2019, (02)：13-18.

（三）资源画面设计缺乏对虚实融合的科学认知

AR 学习资源的画面设计应体现 AR 技术"虚实融合""实时交互"和"三维配准"的三大特征，其中"虚实融合"最为重要。然而，现阶段某些 AR 学习资源在设计时耗费了大量精力和财力，却只做到了"虚实结合"，未能充分考虑"虚拟"与"现实"之间的内在关联，性价比大打折扣。

例如，图 1-4 所示的是一辆公交车 3D 模型，该模型只允许学习者通过简单的手势操纵来观察车辆的不同侧面（底部无法观察），改变手机屏幕角度并不能导致模型呈现形态的变化，这使得 3D 模型呈现出固定于屏幕而非融合于现实的效果。显然，这与普通的三维界面差别不大，未能真正体现出 AR 学习资源"虚实融合"的重要特征。

图 1-4 交通工具 AR 学习资源示例：公交车

综上所述，当前的 AR 学习资源画面在表征、认知和规范性方面存在一系列问题，使得 AR 技术在教育中的优势难以得到充分发挥，严重影响了 AR 技术与教育的融合。因此，有必要对"如何优化设计 AR 学习资源画面"的问题进行深入探讨。

第三节 研究意义

一、理论意义

（一）拓展 AR 教育应用的研究领域

现阶段 AR 教育应用研究尚处于起步阶段，尽管近两年已经有大量研究出现，且证明了 AR 在促进认知方面的有效性，但在"为何能促进认知""如何才能更好地促进认知"等方面缺乏足够的研究和更加有说服力的证据。有关 AR 学习资源设计的研究多集中于技术层面，较少涉及媒体呈现方式的层面。本书致力于弥补以往研究的不足，探索 AR 学习资源画面设计模型及规范，从而拓展 AR 教育应用的研究领域。

（二）丰富多媒体画面语言的研究成果

多媒体画面语言学自形成以来，经过游泽清教授、王志军教授等的不懈努力，为多媒体画面的设计做出了重要贡献，具体包括一些多媒体画面设计规则的提出，如多媒体画面艺术设计规则、文本设计规则、多媒体画面语言表征深度学习规则、教育图文融合设计规则、移动学习资源画面设计规则、数字化学习资源画面交互性设计规则等。但这些规则针对的都是完全虚拟的画面（即画面中包含了全部学习内容），与现实世界无关，是一种传统的多媒体画面。AR 学习资源画面不同于传统的多媒体画面，其虚拟成分并不包含全部的学习内容，而只是现实世界的必要补充。因此，这种画面的设计必须考虑到虚拟成分与现实世界的关联，不能单纯依靠之前的研究成果作指导。AR 学习资源画面设计研究旨在提出适合于这种新型多媒体画面的设计模型及规则，从而进一步丰富多媒体画面语言研究的研究成果。

二、实践意义

（一）提升 AR 学习资源的画面设计质量

基于 AR 学习资源的优越性，越来越多的有识之士开始投身于 AR 学习资源的设计实践中，力图为学习者开发适合的学习资源。但是，何谓"适合"，怎样"适合"？如果 AR 学习资源的设计者仅是凭主观感觉去完成这项工作，有可能会造成画面杂乱无章，难以与现实世界实现完美融合，进而给学习者带来大量不必要的认知负荷。本书试图构建科学有效的 AR 学习资源画面设计模型，进而纠正过去研究者在 AR 学习资源画面设计方面的错误观念，提高设计开发的效率，并优化其设计质量。

（二）促进 AR 教育应用的大规模普及

优质学习资源的稀缺是当前制约 AR 教育应用大规模普及的主要原因之一。随着 AR 技术的日益成熟，技术与设计之间的鸿沟趋于弥合，此时如何设计优质的学习资源就显得至关重要。本书旨在探讨 AR 学习资源画面的设计策略，从而使 AR 学习资源的设计有章可循。这无论对于专业的技术开发人员，还是一线教师，都能为其学习资源设计提供参考和依据，进而提升其设计工作效率、促进 AR 教育应用的大规模普及。

第四节 基本概念

一、概念 1：增强现实

（一）增强现实的几种主流定义

"增强现实"（Augmented Reality，简称 AR）这一概念自提出以来，得到了研究者的广泛关注。关于"AR 究竟是什么"的问题，研究者给出了不同的回答。

米尔格拉姆（Milgram）等认为，广义的"增强现实"是指用模拟线索增强自然场景并给予操作者反馈；而狭义的"增强现实"则是指一种参与者戴着透明头盔显示器以清晰看到真实世界的虚拟现实的形式。[1]为了阐明增强现实和虚拟现实的联系与区别，Milgram 等[2]进一步提出了著名的"真实环境－虚拟环境连续体"（Reality-Virtuality（RV）Continuum），如图 1-5 所示。该连续体从宏观的角度解释了 AR 与虚拟环境（Virtual Enviroment）、真实环境

① 王培霖, 梁奥龄, 罗柯, 等. 增强现实（AR）：现状、挑战及产学研一体化展望[J]. 中国电化教育, 2017, (03)：16-23.
② P Milgram, H Takemura, A Utsumi, et al. Augmented reality: a class of displays on the reality-virtuality continuum[J]. Telemanipulator & Telepresence Technologies, 1994, 2351：282-292.

（Real Enviroment）之间的关系，将真实环境和虚拟环境看作连续体的两端，中间的部分称为混合现实（Mixed Reality，简称"MR"）。在混合现实中，靠近真实环境的部分称为"增强现实"，靠近虚拟环境的部分称为"增强虚拟"（Augmented Virtuality，简称"AV"）。

阿祖玛（Azuma）[①]认为，增强现实作为一个系统应该包含三个特征：虚实融合（Combines Real and Virtual）、实时交互（Is Interactive in Real Time）和三维配准（Is Registered in Three Dimensions）。其中，"虚实融合"是指 AR 能够通过技术手段将虚拟对象投射到现实世界之中，实现对现实世界中声、光、物、形的增强；"实时交互"是指 AR 能够为学习者带来更加自然的交互体验；"三维配准"是指 AR 技术能够实现对象物体的三维显示。[②]

克洛普弗（Klopfer）等[③]认为，上述两种定义都不够严格，增强现实应当被定义为"一种将与现实世界环境相一致的位置或上下文敏感的虚拟信息覆盖在真实的世界环境之上的情形"。

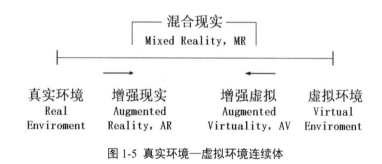

图 1-5 真实环境—虚拟环境连续体

（二）本书对"增强现实"概念的界定

增强现实的上述三种定义出发点不同，都是合理的。Milgram 等提出的"真实环境—虚拟环境连续体"得到了学界的公认，可用于说明 AR 学习资源画面与传统多媒体画面的区别（传统多媒体画面位于"虚拟环境"的位置，与真实环境脱节；AR 画面则更接近于真实环境）。Klopfer 等提出的定义则更能说明 AR 学习资源画面的本质：在真实环境中叠加了一层虚拟信息而形成。

因此，本书将"增强现实"概念界定为：一种将虚拟信息叠加于现实世界之上，并有助于增强学习者对现实世界理解的现象。

二、概念 2：多媒体画面

（一）"多媒体画面"的几种表述

"多媒体画面"（Multimedia Presentation）一词是由游泽清教授首先提出的。他认为，过去所说的"电子教材"是由许多画面组成的，在多媒体出现之后，增加了一种新的画面类型，即"多媒体画面"。基于对"多媒体"概念的理解[④]，他总结了对多媒体画面的几点认识：

---

① R T Azuma. A Survey of Augmented Reality[J]. Presence: Teleoperators and virtual environments, 1997, 6(04): 355-385.
② 王国华, 张立国.增强现实教育应用：潜力、主题及挑战[J].现代教育技术, 2017, (10): 12-18.
③ E Klopfer. Augmented learning:Research and design of mobile educational games[M]. Cambridge, MA:MIT Press, 2008.
④ 游泽清. 多媒体及其发展概况[J].电视技术, 2005, (02): 84-87.

①多媒体画面是电视画面和计算机画面有机结合的产物，是由后两种画面演变并且脱颖而出的一种新的画面类型；②多媒体画面和电视画面、计算机画面的共同之处在于，三种都是基于屏幕显示的画面，而且都属于运动画面，但多媒体画面所能采用的媒体包括图、文、声、像，是三者之中最丰富的；③由于交互功能是一种画面转移的过程控制功能，在画面内部，可以不必强调一定要具有交互功能，因此，对于多媒体画面，只要求有电视和计算机两个领域的媒体有机结合即可；④无论多媒体教材、电视节目或 CAI（Computer Aided Instruction，计算机辅助教学）课件，其基本组成单元都是运动画面。①

之后，王志军等基于对"多媒体画面"上述认识的分析，给出了关于"多媒体画面"概念的规范化表述：多媒体画面是多媒体学习材料的基本组成单位，是多媒体问世之后出现的一种新的信息化画面类型，是基于数字化屏幕呈现的图、文、声、像等多种视、听觉媒体的综合表现形式，在功能上是人与多媒体学习材料之间传递与交换知识信息的界面和对话的接口。②

（二）本书对"多媒体画面"概念的界定

本书采用王志军等的表述，即认为多媒体画面包含几个要点：①前提：基于数字化屏幕呈现。②要素：图—静止的图，包括图形（Graphics）和静止图像（Still Video）；文—文本（Text），包括标题性文本和说明性文本；声—声音（Audio），包括解说、背景音乐和音响效果；像—运动的图，包括动画（Animation）和运动图像（Motion Video）；交—交互（Interaction）。③呈现方式：多种视听觉要素综合作用，以产生知觉"新质"。

三、概念 3：AR 学习资源画面

（一）"AR 学习资源画面"的概念界定

"AR 学习资源画面"（以下简称"AR 画面"），是本书新提出的一个概念，被视为一种不同于传统多媒体画面的、具有全新内涵的媒体画面。

AR 画面，是将虚拟画面叠加于现实世界中而形成的画面，其中，虚拟画面对现实世界起"增强"作用，可有效促进学习者对现实世界的深度理解。概括来讲，AR 画面是一种基于数字化屏幕呈现的，利用图、文、声、像、交等多种视、听觉媒体要素综合表现的，将虚拟画面与现实世界画面按一定约束关系叠加而成的新型媒体画面。其中起"增强"作用的虚拟画面可称为"增强画面"，即"A 画面"；通过对现实世界的摄取而得到的画面可称为"现实画面"，即"R 画面"。从本质看，AR 画面的综合组成元素仍是图、文、声、像、交，仍具备多媒体画面的一般特征，所以还是属于多媒体画面的一种，不过又附加了与传统多媒体画面不同的全新特征。

需要特别注意的是，AR 画面的感知效果并非 A 画面与 R 画面感知效果的简单叠加，而是超出了 A 画面与 R 画面感知效果之和，出现了新的感知内容。

（二）"AR 学习资源画面"的全新特征

AR 画面区别于传统多媒体画面的特征有空间视角、深层交互、具身形态等内容。

---

① 游泽清. 认识一种新的画面类型——多媒体画面[J]. 中国电化教育, 2003, (07)：59-60, 61.
② 王志军, 王雪. 多媒体画面语言学理论体系的构建研究[J]. 中国电化教育, 2015, (07)：42-48.

1. 采用了空间视角而非平面视角

视角的不同取决于画框运动方式的不同。传统的多媒体画面采用平面视角，画框独立于外部世界而静止，画面内容只能以多变的形式去适应画框不变的长宽比，现实世界与虚拟画面彼此隔离。AR 画面采用了空间视角，画框可以由学习者操纵并与外部世界产生相对运动，画面内容不再受画框比例的限制，现实世界与虚拟画面彼此融合。

2. 实现了深层交互而非浅层交互

交互功能的不同取决于"智能度"（即学习者获得的自主性）和"融入度"（学习者对交互功能的难觉察性）两个指标[①]。传统的多媒体画面需要学习者通过操纵键盘、鼠标等设备，利用菜单、按钮等有形控件来完成对预设画面的切换，交互的智能度和融入度较低，处于浅层交互的水平；AR 画面允许学习者利用集成了很多感应器的手套、戒指、控制棒等自然特殊设备来依据自己的兴趣和需求操纵 3D 模型等画面要素，明显的交互标识大量减少，交互的智能度和融入度较高，处于深层交互的水平。

3. 呈现了具身形态而非离身形态

呈现形态的不同取决于画面设计所基于的认知基础。传统的多媒体画面基于"离身认知"而设计，画面要素为符号，直接对学习者的心智产生影响，学习者的身体在认知过程中不发挥作用。在这种画面中，各种媒体符号是机械构建的，画面所营造的学习情境是静态预设的。AR 画面基于"具身认知"而设计，将学习者的身体运动（如倾斜、旋转、缩放等手势）作为重要组成部分，画面要素借助身体对学习者的心智产生重要影响。在这种画面中，各种媒体符号是自组织组建的，画面所营造的学习情境是动态生成的。

---

① 游泽清. 多媒体画面艺术设计(第 2 版)[M]. 北京:清华大学出版社,2013.

第二章 AR 画面设计研究之现状

随着 AR 技术的日益普及，其在教育领域的应用也受到越来越多学者的关注。了解 AR 技术教育应用的整体研究现状，有助于洞悉 AR 画面设计研究在整个体系中所处的位置，从而便于研究者发现该研究的未来发展潜力。

明确了 AR 画面设计对 AR 技术教育应用的作用后，有必要对其理论与实践研究现状进行梳理，从而为回答"如何优化设计 AR 画面"这一问题提供指南。

第一节 AR 技术教育应用研究

一、研究趋势

通过对国内外教育领域 AR 相关研究的可视化分析，可以把握 AR 教育研究的整体现状并判断研究趋势。

（一）数据来源

国外的研究文献全部来自"Web of Science"。检索过程及结果如下：在"Web of Science 核心合集"数据库中检索主题为"Augmented Reality"的 Article 类型文献，并将研究方向精炼为"Education Educational Research"，时间跨度为"所有年份"，采用 2022 年 5 月 23 日的检索结果，得到文献共计 1048 篇，去掉未说明发表年份的 73 篇，剩余 975 篇全部用于分析。

国内的研究文献全部来自"中国知网"（CNKI）。检索过程及结果如下：在"北大核心期刊"和"CSSCI 期刊"中检索主题为"增强现实"的文献，并将学科类别选定为"教育理论与教育管理""高等教育""中等教育""初等教育""职业教育"等教育相关学科来进行筛选，起止时间不限，采用 2022 年 5 月 23 日的检索结果，得到文献共计 176 篇，去掉"国际前沿""书评"等 12 篇与增强现实关联度较低的文献，剩余 164 篇文献全部用于分析。

（二）文献年度分布

文献增长量是衡量特定研究领域知识积累的重要尺度，能够揭示该学科研究的某些特点和发展规律。本研究将满足研究需求的文献以.xls 的格式导入 Excel 中，按"年"进行分类统计，得到如图 2-1 所示的国内外文献年度分布图。

由图 2-1 中的趋势线走向可知，AR 教育应用的国内外文献基本上都随年度呈上升态势（2022 年尚未结束，该年度的文献较少），说明 AR 在未来一段时间内还将继续作为教育领域的热点研究主题而存在。从文献数量和起始时间来看，国内的研究起步较晚，且发文量远不及国外研究，处于"追随"的状态。2016 年以来国内外的发文量总体高于趋势线，这段时间内的研究基本可以代表 AR 教育应用的最新发展。

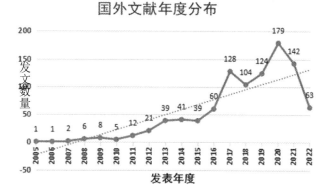

(a) 国外文献年度分布

(b) 国内文献年度分布

图 2-1 国内外增强现实教育应用研究文献年度分布图

二、应用方向

为了更加细致地了解本领域的主要研究方向,本书通过对文献内容进行梳理,得出 AR 教育应用研究的几大类别。

(一)AR 学习资源的设计与开发

这类研究主要是从技术层面探讨 AR 学习资源的设计与开发过程,研究结果以技术设计方案和技术框架为主。代表性研究有:达马扬蒂(Damayanti)等[①]针对醛酮类化合物的相关知识设计并开发了一款化学学习 AR 教材,该教材配备了 3D 分子模型,允许学习者从不同角度观察分子。法东(Phadung)等[②]基于 ADDIE 框架,设计开发了一本 AR 教材,旨在帮助泰国学生学习计算机知识。佩尤斯卡(Pejoska)等[③]在对大量建筑工人工作场景观察和数

---

① LA Damayanti, J lkhsan. Development of monograph titled "augmented chemistry aldehida & keton" with 3 dimensional (3D) illustration as a supplement book on chemistry learning[C]. American Institute of Physics Conference Series, 2017, 1847(01):19-28.

② Phadung, N Wani, NA Tongmnee. The development of AR book for computer learning[C]. International Conference on Research, 2017:050034.

③ Pejoska, M Bauters, J Purma, T Leinonen.Social augmented reality: Enhancing context-dependent communication and informal learning at work[J]. British Journal of Educational Technology, 2016, 47(03):474-483.

据分析的基础上，提出了 SoAR 的系统设计框架和原型，用于辅助工人职业教育。周灵等[①]利用显示、跟踪及定位、三维注册等技术开发了增强现实少儿英语教科书 *AREBC*，该书是 AR 环境下的教学演示应用，能将 3D 图形、词汇拼写方式、读音、口型提示附加在标识图片上，为学习者使用过程提供 AR 形式的帮助界面。

（二）AR 教育应用的可行性理论研究

这类研究主要是从教育学、心理学角度出发，分析 AR 技术应用于教育的可行性。代表性研究有：布雅克（Bujak）等[②]从心理学视角分析了 AR 技术在数学教学中应用的可行性，具体维度包括物理维度、认知维度和情境维度。他们认为，AR 技术对促进学习者理解数学学习中的抽象概念有帮助，在物理维度上表现为自然交互的方式有助于形象化展示抽象概念，在认知维度上表现为利用信息的时空排列可以加深学习者对抽象概念的理解，在情境维度上表现为虚拟协作环境有助于促进个人知识建构。克劳特（Kraut）等[③]指出，AR 工具可以起到帮助学习者增加学习经验的作用，它可以通过提供多种感知来加速记忆，进而提升学习者对学习材料的理解。

（三）AR 教育应用的有效性实证研究

这类研究的主要技术路线为：选择某一具体学科或课程，设计开发一套 AR 学习资源，并通过实证研究来考察 AR 技术应用于教育的有效性。这里的有效性体现在学习成绩、学习动机、认知负荷的变化等方面。代表性研究有：古铁雷斯（Contero）等[④]设计了一款用于提升机械工程专业学生空间能力的名为"AR-Dehaes"的 AR 书，经过对西班牙某大学 24 名机械工程新生进行满意度问卷调查，证明"AR-Dehaes"是一个非常符合成本效益的工具。何俊杰（He）等[⑤]进行了实验研究，学业成就测试结果表明，移动 AR 软件对于英语非母语的学生的词汇学习有帮助。桑托斯（Santos）等[⑥]设计开发的 AR 应用在提高学习者的注意力及满意度方面被证明存在优势。张元仁（Chang）等[⑦]认为，AR 系统的质量和多媒体学习方式是影响感知满意度和感知有用性的两大因素。

三、述　评

目前，AR 技术应用于教育领域的研究正在如火如荼地进行。从近年来的文献数量看，无论是国外还是国内，都呈上升趋势，特别是近几年上升势头迅猛，说明 AR 已成为教育领域的研究热点。然而，从国内外研究数量的对比来看，国内的研究发展滞后，本土化研究较少，特别是实证研究数量不足。

① 周灵, 张舒予, 朱金付, 等. 增强现实教科书的设计研究与开发实践[J]. 现代教育技术, 2014, (09): 107-113.

② K R Bujak, I Radu, R Catrambone, B Macintyre, et al. A psychological perspective on augmented reality in the mathematics classroom[J]. Computers & Education, 2013, 68 (01): 536-544.

③ B Kraut, J Jeknic. Improving education experience with augmented reality (AR) [C].2015 38th International Convention on Information and Communication Technology, Electronics and Microelectronics (MIPRO), 2015.

④ M Contero, M Ortega. Education: Design and validation of an augmented book for spatial abilities development in engineering students[J]. Computers & Graphics, 2010, 34 (01): 77-91.

⑤ J He, J Ren, G Zhu, et al. Mobile-Based AR Application Helps to Promote EFL Children's Vocabulary Study[C]. 2014 IEEE 14th International Conference on Advanced Learning Technologies, Athens, 2014.

⑥ M E C Santos, A I W Lübke, T Taketomi, et al. Augmented reality as multimedia: the case for situated vocabulary learning[J]. Research & Practice in Technology Enhanced Learning, 2016, 11 (01): 1-23.

⑦ Y J Chang, C H Chen, W T Huang, et al. Investigating students' perceived satisfaction, behavioral intention, and effectiveness of English learning using augmented reality[C]. IEEE International Conference on Multimedia & Expo, Barcelona, 2011.

另外，目前 AR 教育应用的研究方向主要集中在 AR 学习资源的设计与开发、AR 教育应用的可行性研究、AR 教育应用有效性的实证研究等方面。其中，AR 学习资源的设计与开发是 AR 教育应用研究的热点之一，但目前这类研究主要是从技术层面探讨 AR 学习资源的设计与开发过程，研究结果以技术设计方案和技术框架为主，专门针对 AR 画面设计的研究较少，研究者的设计思路通常体现在 AR 学习资源的开发过程当中。

第二节　AR 画面设计研究

一、　理论研究

（一）AR 画面宏观设计研究

1. AR 画面设计的常见思路

研究者的设计思路决定了 AR 画面设计的研究脉络。从目前的文献来看，不少研究者针对具体的 AR 学习资源从多个角度提出了设计基本研究框架的思路。

赵伟仲[①]认为，AR 技术是人机交互技术由 GUI 向 NUI 过渡的重要技术支撑。当人机交互发展到 NUI 时代，虚实结合的交互设计将受到广泛的关注。虚实结合的用户界面除了要具备图形用户界面（GUI）的基本要素（桌面、视窗、单一或多文件界面、标签、菜单、图标、按钮等）外，还需要整合虚体界面、实体界面、虚实结合界面三种界面信息呈现类型，并且界面的设计应该配合用户的交互行为，才能优化用户体验。其中，交互控件、界面布局和界面操作方式是需要重点设计的内容，且 PC 端和移动端的设计应有所差异。

吴姗[②]认为，情感是人类对外界事物作用于自身时的一种生理反应。当学习者通过感官来获取外界信息时，大脑会经过筛选把重要的信息存储到头脑中，而学习者的情感状态会对信息的选择或忽略做出决定。因此，有必要对 AR 画面进行情感化设计，重点从本能层、行为层和反思层着手来进行。其中，本能层要注重形态、颜色、材质的设计；行为层需加强动效、真实感、交互方式的设计；反思层需对用户的需求进行详细分析。

罗颖[③]认为，作为人机之间传递、交换信息的媒介和对话接口的用户界面对人机交互起到了决定性的重要和必要作用，AR 技术引领的三维交互人机界面可以全面提高人机交互的自然性与高效性。以此为出发点，可确立 AR 的 UI 设计内容包括信息设计、交互设计、视觉设计、情感设计四部分。

2. AR 画面设计的基本原则

部分学者对于"如何设计画面"这一问题仍停留在多媒体学习原则的迁移阶段。例如 Santos 等[④]认为 AR 可以被视为处于真实环境中的多媒体，应当将梅耶（Mayer）的多媒体学习理论作为 AR 学习资源设计开发的理论基础，努力做到以下六个原则：①尽量减少显示屏

① 赵伟仲. 基于虚实结合的界面信息设计研究[D]. 北京：北京邮电大学，2013.
② 吴姗. 基于手机端的增强现实技术产品的情感化设计[D]. 北京：北京印刷学院，2017..
③ 罗颖. 基于增强现实的交互界面设计研究[D]. 武汉：华中科技大学，2012.
④ M E C Santos, A I W Lübke, T Taketomi, et al. Augmented reality as multimedia: the case forsituated vocabulary learning[J]. Research & Practice in Technology Enhanced Learning, 2016, 11 (01) : 1-23.

中的视觉杂乱；②支持选择、组织和整合信息的认知过程；③允许与环境及环境中的对象进行交互；④提供多模态信息，即文本、图像和声音；⑤在适当的时候使用动画；⑥应用廉价易得的技术。

拉杜（Radu）①指出，交互式 AR 应用相比非 AR 的交互式应用（台式电脑、手机、电子白板）以及非交互式应用（书本、视频）在媒体呈现、多重表征排列、支持具身、引导注意、交互式模拟等维度功能均较强，具体表现在多重表征的时空排列方面，AR 学习资源的画面设计应当遵循时间和空间邻近原则。

索默劳尔（Sommerauer）等②认为设计良好的 AR 应当满足梅耶教授提出的五个多媒体学习原则：多媒体原则、空间邻近原则、时间邻近原则、模态原则和信号原则。

除此之外，AR 画面设计还受其他原则的指导。

乔辰③指出 AR 学具的设计应遵循五个原则：一致性、有效反馈、控制权、灵活性和最小化。

周大镕④在设计基于 AR 的体验式教学演示软件时，指出软件的设计原则包括一致性、简单易用性、交互协作性和开放灵活性。

吴姗⑤提出了基于手机端的 AR 产品情感化设计理念，包括美观性理念、统一性理念、功能性理念、易操作理念、趣味性理念。

罗颖⑥提出了基于 AR 的交互界面设计原则，包括以用户为中心原则、一致性原则、合理性原则、多样性原则、交互性原则。

程一君⑦指出，AR 教育软件产品中的人机交互界面设计原则应包含四个原则：屏幕属于用户原则、及时反馈与提示原则、简约型原则、易用性原则。

（二）AR 画面微观设计研究

1. 画面布局设计

画面整体布局与视觉感官设计对学习者的体验有着显著影响。AR 画面的构图要有重心，要将牵引注意力的核心位置放置最核心的学习内容，画面布局要按照人们的思维习惯进行设计，可采用"F"型或"上下型"结构布局⑧，必要时也可通过眼动仪发现学习者的视觉浏览顺序⑨。除此之外，还需重点关注影响不同类型 AR 画面布局的关键因素，如 PC 端 AR 画面布局受密度、背景颜色、位置和大小、节奏等因素的影响，而移动端 AR 画面则受滚动控件、信息呈现、标题、动态菜单、常驻菜单、首屏（待机）、进度加载等因素的影响⑩。

　　① I Radu. Augmented reality in education：a meta-review and cross-media analysis[J]. Personal & Ubiquitous Computing, 2014, 18,（06）：1533-1543.
　　② P Sommerauer, O Müller. Augmented reality in informal learning environments：A field experiment in a mathematics exhibition[J]. Computers & Education, 2014, 79：59-68.
　　③ 乔辰. 增强现实学具的开发与应用[D]. 上海：华东师范大学, 2014.
　　④ 周大镕. 基于增强现实的体验式教学演示软件的设计与实现[D]. 南宁：广西师范大学, 2011.
　　⑤ 吴姗. 基于手机端的增强现实技术产品的情感化设计[D]. 北京：北京印刷学院, 2017.
　　⑥ 罗颖. 基于增强现实的交互界面设计研究[D]. 武汉：华中科技大学, 2012.
　　⑦ 程一君. 增强现实技术在教育软件产品交互设计中的应用研究[D]. 苏州：苏州大学, 2015.
　　⑧ 程一君. 增强现实技术在教育软件产品交互设计中的应用研究[D]. 苏州：苏州大学, 2015.
　　⑨ 罗颖. 基于增强现实的交互界面设计研究[D]. 武汉：华中科技大学, 2012.
　　⑩ 赵伟仲. 基于虚实结合的界面信息设计研究[D]. 北京：北京邮电大学, 2013.

2. 基本元素及属性设计

● 图像设计：图像符号可以帮助降低设计效能负载、节省显示区域，使其所表达的行为、物体和概念更容易被识别。总体来说，图像符号的选择需针对不同实际应用情况进行适当选择和设计，采用相似、举例、象征、强制等手法准确传达信息。图片的运用也要适度，要通过突出、强调、对比等方式发挥其优势。

● 文字设计：在交互界面中，文字一般用于标题、菜单、会话、提示信息等。文字的设计应关注其可读性与易读性，其中可读性受文法因素的影响，易读性则需考虑文字编排的节奏与韵律、文字形态的变化与统一、文字体量的对比与和谐、文字颜色的搭配与强调等多个方面的平衡设计。[①]

● 动画设计：动画是对事物运动与变化过程的模拟和高度概括，具有强烈的视觉冲击力。动画设计包括造型设计和动作设计两个方面，动画的信息表达应当恰如其分，表现方式应恰到好处。在交互界面的动画设计中，所有元素的选择与搭配应适度，在整体界面上保持其美观性、协调性。[②]

● 模型设计：模型的实质是真实物体的虚拟化，有助于学习者获得真实感。模型的设计应体现物体的运动规律和节奏感，同时利用视觉、听觉和触觉共同增强学习者的控制感以及沉浸感[③]；应注意三维模型的最优呈现方式，着重考虑自身的大小、投影角度以及透视方式、摄像机的位置等影响因素。[④]

● 交互设计：画面的设计应该配合用户的交互行为，才能优化用户体验。PC 端应保持直接操纵原则，使用有意义的视觉隐喻，联系映射来表示用户感兴趣的对象或者动作；依靠物理动作或按压有标签的按钮来取代复杂的语法；利用敏捷的、增量的可循环或逆转动作。移动端应规避"伪底"和"伪顶"的交互问题，注意遵循手势操作的方式，同时注意产品功能架构的映射关系，为学习者提供最优的用户体验。[⑤]

● 色彩设计：色彩是多媒体学习材料形式美的重要因素，可用于传递信息、表达情感，实现认知理性与情绪感性的有机结合。色彩的选择需对应不同的行业理念，如蓝色代表科技感，绿色代表健康、自然、生态，橙色代表活力、青春等[⑥]；色彩具有冷暖感、轻重感、空间感，可以与情感的某些方面建立无意识关联，因此色彩的选择需考虑其约定俗成的含义[⑦]；除此之外，在基于 AR 的色彩设计中，应从色彩的数目、组合、彩度等多方面进行把握。[⑧]

二、 实践案例

（一）基于不同技术的 AR 画面设计案例

彭斯（Pence）[⑨]指出，AR 应用包括有标记 AR（Marker-Based AR）和无标记 AR（Markerless

① 罗颖. 基于增强现实的交互界面设计研究[D]. 武汉：华中科技大学, 2012.
② 罗颖. 基于增强现实的交互界面设计研究[D]. 武汉：华中科技大学, 2012.
③ 吴姗. 基于手机端的增强现实技术产品的情感化设计[D]. 北京：北京印刷学院, 2017.
④ 赵伟仲. 基于虚实结合的界面信息设计研究[D]. 北京：北京邮电大学, 2013.
⑤ 赵伟仲. 基于虚实结合的界面信息设计研究[D]. 北京：北京邮电大学, 2013.
⑥ 程一君. 增强现实技术在教育软件产品交互设计中的应用研究[D]. 苏州：苏州大学, 2015.
⑦ 吴姗. 基于手机端的增强现实技术产品的情感化设计[D]. 北京：北京印刷学院, 2017.
⑧ 罗颖. 基于增强现实的交互界面设计研究[D]. 武汉：华中科技大学, 2012.
⑨ Harry E. Pence. Smartphones, smart objects, and augmented reality[J]. Reference Librarian, 2010, 52(1-2)：136-145.

AR）两种。Pence 的这种分类得到了公认，相应地，郑坤宏（Cheng）等①提出了 AR 的两种类型：基于标记 AR（Image-Based AR）和基于位置 AR（Location-Based AR）。具体到教育领域，徐鹏等②发现，已有的 AR 相关研究也基本都采用了这两种技术。已有研究中设计的 AR 画面也可从技术的角度划分为基于标记的 AR 画面和基于位置的 AR 画面。

1. 基于标记的 AR 画面设计案例

基于标记的 AR 画面是通过摄像头识别特定的标识物，进而在移动终端或其他显示设备上呈现出的画面。已有研究中所涉及的标识物一般有图文标识和实物标识两种类型，因此基于标记的 AR 画面又可细分为基于图文标识的 AR 画面和基于实物标识的 AR 画面。

（1）基于图文标识的 AR 画面

这类 AR 画面的设计特征通常为：R 画面呈现标有图文信息的纸张或卡片，A 画面在 R 画面的基础上重点叠加 3D 模型、文字、声音等媒体元素，并允许学习者与 3D 模型进行互动，从而使抽象的图文信息具体化。例如，蔡苏等③人设计的"未来之书"和周灵等④设计的"增强现实少儿英语教科书"都可以呈现基于图文标识的 AR 画面，分别如图 2-2（a）和图 2-2（b）所示。

（a）"未来之书"AR 画面　　　　　　　（b）"增强现实少儿英语教科书"AR 画面

图 2-2　基于图文标记的 AR 画面

图 2-2（a）呈现的 AR 画面可以在书上浮现牛顿第二定律的三维模拟。该画面是通过一台计算机和一个摄像头，识别书上的标记而在书本上浮现出来的。学习者只需通过简单的设备即能直观感受到平面书籍中所描述的实验场景。

图 2-2（b）呈现的 AR 画面也是通过摄像头对准标识卡片，而在卡片上方浮现出来的。当摄像头检测到标识卡片时，相应的 3D 模型、口型、发音、拼写将同时出现在屏幕上。学习者可以通过旋转和移动标识物控制物体的方位和方向，通过敲击标识局部发生交互。

（2）基于实物标识的 AR 画面

这类 AR 画面的设计特征通常为：R 画面呈现现实世界中需要学习的实际物体，A 画面

① Kun-Hung Cheng, Chin-Chung Tsai. Affordances of Augmented Reality in Science Learning：Suggestions for Future Research[J]. Journal of Science Education and Technology, 2013, （22）：449-462.

② 徐鹏, 刘艳华, 王以宁. 国外增强现实技术教育应用研究演进和热点——基于 SSCI 期刊文献的知识图谱分析[J]. 开放教育研究, 2016, （06）：74-80.

③ 蔡苏, 张晗, 薛晓茹, 等. 增强现实（AR）在教学中的应用案例评述[J]. 中国电化教育, 2017, （03）：1-9, 30.

④ 周灵, 张舒予, 朱金付, 等. 增强现实教科书的设计研究与开发实践[J]. 现代教育技术, 2014, （09）：107-113.

在 R 画面的基础上重点展示文字、声音、动画等媒体元素。例如，奥迪公司开发的 AR 汽车说明书①和 Santos 等②设计的"AR 情境词汇学习系统"均可呈现基于实物标识的 AR 画面，分别如图 2-3(a)和图 2-3(b)所示。

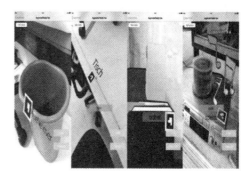

(a)"奥迪 AR 汽车说明书"AR 画面　　　　　　(b)"AR 情境词汇学习系统"AR 画面

图 2-3 基于实物标识的 AR 画面

图 2-3(a)呈现的 AR 画面可以通过智能手机来呈现。当学习者用手机摄像头扫描汽车内设备时，屏幕上可以呈现包含操作步骤的三维动画或语音提示，来帮助学习者快速熟悉设备结构，学会使用设备。

图 2-3(b)呈现的 AR 画面可以通过学习者扫描实景而获得。当摄像头检测到实物上的标记后，屏幕中会呈现与该实物相关的词汇文本、音频、动画等内容。学习者可以通过按钮完成与画面的交互。

2. 基于位置的 AR 画面设计案例

基于位置的 AR 画面主要通过移动网络或 GPS 进行定位，根据位置信息向用户呈现画面。这类 AR 画面设计的主要特征为：R 画面呈现现实世界（主要在开放的户外）的场景，A 画面在 R 画面的基础上重点叠加文本、动画等媒体元素，以帮助学习者辨别与了解场景对象。例如，美国 Mobilizy 公司推出的 Wikitude 平台③和蔡苏等④介绍的"北京大学校园导览系统"均可呈现基于位置的 AR 画面，分别如图 2-4(a)和图 2-4(b)所示。

图 2-4(a)呈现的 AR 画面可以根据学习者所在的位置，向学习者呈现出当前场景中建筑物的名称、属性（超市/餐厅）以及与学习者之间的距离。该画面的主要画面元素包括文字、图标。

图 2-4(b)呈现的 AR 画面和 Wikitude 有类似的功能。除了能帮助学习者了解当前建筑外，还可以向学习者指示周边建筑物与学习者之间的距离，同时还能显示周边建筑物的图像。该画面的主要画面元素包括文字、图片。

① 乔辰. 增强现实学具的开发与应用——以"AR 电路学具"为例[D]. 上海：华东师范大学，2014：42.
② MEC Santos, AIW Lübke, T Taketomi, et al. Augmented reality as multimedia: the case for situated vocabulary learning[J]. Research & Practice in Technology Enhanced Learning, 2016, 11(01): 1-23.
③ 蔡苏，王沛文，杨阳，等. 增强现实(AR)技术的教育应用综述[J]. 远程教育杂志，2016, (05): 27-40.
④ 蔡苏，王沛文，杨阳，等. 增强现实(AR)技术的教育应用综述[J]. 远程教育杂志，2016, (05): 27-40.

（a）"Wikitude 平台"AR 画面　　　　（b）"北京大学校园导览系统"AR 画面

图 2-4 基于位置的 AR 画面

（二）基于不同教学内容的 AR 画面设计案例

到目前为止，AR 在教育中的应用已经涵盖了各个种类的主题和内容，从正式学习到非正式学习，都有大量的案例。AR 技术在正式学习中的应用主要涉及数学、物理、化学、生物、地理、语言等学科领域以及医学与工程教育等职业培训领域，而在非正式学习中的应用主要涉及图书出版、科技馆、博物馆等领域。无论是哪个领域，AR 所擅长表达的教学内容是存在共同点的。本书从教学内容出发，依照教育学和认知心理学普遍认可的知识属性分类，重点梳理针对事实性知识、概念性知识和程序性知识的 AR 画面设计特征。

1. 基于事实性知识的 AR 画面设计案例

事实性知识是学习者在掌握某一学科或解决问题时必须知道的基本要素[①]。

一般来说，这类表达事实性知识的 AR 画面设计特征通常为，通过文字、音频、图片、动画、视频等媒体元素对当前场景信息提供注释说明。学习者可以通过操纵实物来获取实时的反馈信息。例如，金（Kim）等[②]介绍了一种汽车导航系统，该系统呈现的 AR 画面可用于表达关于路况的事实性知识，如图 2-5（a）所示；余日季等[③]设计开发的博物馆文化教育体验系统可呈现与展品相关的历史、细节等事实性知识，如图 2-5（b）所示。

图 2-5（a）呈现的 AR 画面可以在汽车的挡风玻璃上方显示一个虚拟道路的计算机图形图像，它向下滑动就好像融入了真实的道路。随着驾驶员对方向盘的操纵，AR 画面中的内容发生同步变化，帮助驾驶员看到虚拟信息在他们的驾驶环境中被无缝地转换到真实的道路上。在该 AR 画面中，涉及的画面要素主要有文字、图形、图像。

图 2-5（b）呈现的 AR 画面主要由视频和展品立体模型两部分构成。视频的特点在于向学习者"讲解"展品的由来经历，突出展品的文化内涵。模型则是为了让学习者更加细致地、近距离地、全方位地欣赏到展品的每个细节。

---

① 黄莺，彭丽辉，杨新德. 知识分类在教学设计中的作用——论对布卢姆教育目标分类学的修订[J]. 教育评论，2008，（05）：165-168.

② S J Kim, A K.Dey. Augmenting human senses to improve the user experience in cars：applying augmented reality and haptics approaches to reduce cognitive distances[J]. Multimedia Tools & Applications, 2015, (16)：1-21.

③ 余日季，蔡敏，蒋帅. 基于移动终端和 AR 技术的博物馆文化教育体验系统的设计与应用研究[J]. 中国电化教育，2017，（03）：31-35.

(a) "汽车导航系统" AR 画面

(b) "博物馆文化教育体验系统" AR 画面

图 2-5 呈现事实性知识的 AR 画面

2. 基于概念性知识的 AR 画面设计案例

概念性知识是指一个整体结构中基本要素之间的关系,表明某一个学科领域的知识是如何加以组织的、如何发生内在联系的、如何体现出系统一致的方式等[1]。AR 画面在促使抽象概念具象化方面具有较大的优势。目前已有研究中 AR 画面所能表达的抽象概念主要包括如下几类:结构类概念、无形类概念、关系类概念。

一般来说,表达概念性知识的 AR 画面设计特征通常为:提供 3D 模型,允许学习者观察和操纵 3D 模型,从而加深对抽象概念的理解。例如,AR 画面可作为生物课堂中呈现人体内部器官的工具[2],如图 2-6(a)所示;可以展示学习者无法用肉眼直接看到的磁感线[3],如图 2-6(b)所示;也可以允许学习者通过改变地球模型的角度来理解月球、地球和太阳之间的空间关系[4],如图 2-6(c)所示。

图 2-6(a)呈现的 AR 画面包括 3D 模型、文字、连线等元素,表达的是一种"镜像隐喻",

① 黄莺, 彭丽辉, 杨新德. 知识分类在教学设计中的作用——论对布卢姆教育目标分类学的修订[J]. 教育评论, 2008, (05): 165-168.

② K Lee. Augmented Reality in Education and Training[J]. Techtrends, 2012, 56(02): 13-21.

③ H Kato, G Yamamoto, J Miyazaki, et al. Augmented Reality Learning Experiences: Survey of Prototype Design and Evaluation[C]. IEEE Transactions on Learning Technologies, 2014, 7(01): 38-56.

④ N Slijepcevic. The Effect of Augmented Reality Treatment on Learning, Cognitive Load, and Spatial Visualization Abilities [D]. Lexington: University of Kentucky, 2013.

即学习者可以从笔记本电脑屏幕上看到自己身体内部的器官结构。

图 2-6(b) 呈现的 AR 画面将虚拟磁场与扮演磁铁角色的彩色方块结合在一起。学习者可以移动这些磁铁，看看不同的位置会如何影响磁场的形状。

图 2-6(c) 呈现的 AR 画面主要以 3D 动画形式显示月相变化的四个阶段。学习者可以手动调整标记的位置或角度，从而从不同方位观察月球、地球和太阳的空间关系。

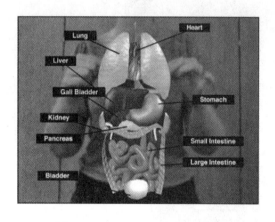

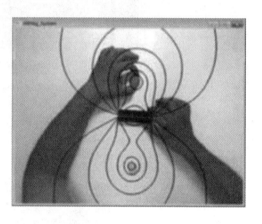

（a）"人体内部器官" AR 画面   （b）"磁感线" AR 画面

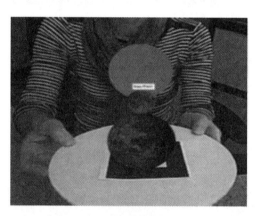

（c）"太空月相现象" AR 画面

图 2-6 呈现概念性知识的 AR 画面

3. 基于程序性知识的 AR 画面设计案例

程序性知识主要解决"如何做"的问题。已有研究主要是通过虚拟实验、技能培训等帮助学习者实现对程序性知识的获取。

一般来说，表达程序性知识的 AR 画面设计特征通常为：允许学习者对一个或多个 3D 模型进行交互，在完成特定动作后，可以获得相应的反馈。例如，蔡苏等[①]设计的"AR 凸透镜成像实验"可以减少物理实验条件带来的限制，让更多的学习者有机会参与实验、提高

---

① 蔡苏, 张晗, 薛晓茹, 等. 增强现实（AR）在教学中的应用案例评述[J]. 中国电化教育, 2017, (03)：1-9, 30.

技能,如图2-7(a)所示。在著名的宝马维修案例中,维修人员佩戴AR眼镜,可以通过声音命令与培训系统直接交互[①],如图2-7(b)所示。

图2-7(a)呈现的AR画面主要包括蜡烛、凸透镜和荧光屏,用于标记焦距和两倍焦距数据的平行数轴图像,以及标记文本等元素。将蜡烛标记卡片和屏幕标记卡片分别放置于凸透镜标记卡片的两边,屏幕将基于蜡烛和凸透镜之间的距离自动呈现相关的图像。如果调节蜡烛和凸透镜之间的距离,屏幕上的图像将根据凸透镜成像原则实时变化。

图2-7(b)呈现的AR画面主要是在真实汽车部件的图像基础上叠加了虚拟引导动画,从而为维修人员提供示范。在这样的示范说明下,维修人员可以很直观地看懂每一个装配步骤,一步步完成汽车的组装。

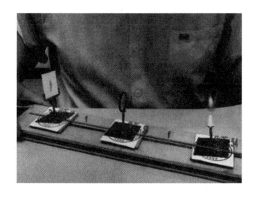
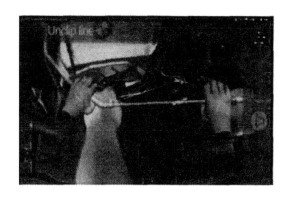

(a)"AR凸透镜成像实验"AR画面　　　　　(b)"宝马维修案例"AR画面

图2-7 呈现程序性知识的AR画面

(三)基于不同教学环境的AR画面设计案例

AR画面的设计与教学环境有着密切的联系。根据何克抗等[②]提出的"教学系统四要素"学说,教学系统是由学生、教师、媒介和教学内容四部分构成的,其中除教学内容以外的其他三个部分共同组成了教学环境。本书从教学环境出发,重点梳理适用于不同学习者、不同教学方法以及不同显示设备的AR画面特征。

1. 基于不同学习者的AR画面设计案例

已有研究中的AR应用可以惠及从幼儿到大学生等多个年龄段学习者。本书在梳理文献时,将学段划分为学龄前学段、K-12(中小学)学段和高等教育学段三大部分。

针对学龄前学段学习者的AR画面设计特征一般为:呈现与幼儿日常生活经验密切相关的内容元素,充分利用特效来引起幼儿的好奇心,从而激发学习动力。例如,克拉克(Clark)等[③]设计开发的"交互式色彩书"可以使用儿童的绘画和着色作为输入来生成和改变图书内容的外观,如图2-8(a)所示。

① 乔辰.增强现实学具的开发与应用——以"AR电路学具"为例[D].上海:华东师范大学,2014:42.
② 何克抗,李文光.教育技术学(第2版)[M].北京:北京师范大学出版社,2009.
③ A Clark, A Dünser. An interactive augmented reality coloring book[J]. 3D User Interfaces, 2011, 85:25.

　　针对 K-12 学段学习者的 AR 画面设计特征一般为：一方面利用多模态信息激发学习者的学习动机，另一方面给学习者充分的交互机会，但这种交互一般较为简单。例如，Aurasma 为 K-12 课堂提供了大量的 AR 学习资源，格林（Green）等[1]介绍了其中适用于五年级课堂的"科学词汇与概念"AR 教学资源，可以通过视频展示的方式帮助学习者获得相关知识，如图 2-8(b) 所示。

　　针对高等教育学段学习者的 AR 画面设计特征一般为：使用丰富的交互技术来帮助学习者理解复杂的机制和困难的理论。例如，博雷罗（Borrero）等[2]为工程教育开发的"AR 实验室"可以在电路板上叠加图像，包括重置按钮和 4 个虚拟开关，并用鼠标加以控制，如图 2-8(c) 所示。

(a)"交互式色彩书"AR 画面

(b)"科学词汇与概念"AR 画面

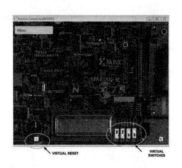

(c)"AR 实验室"AR 画面

图 2-8 针对不同学习者的 AR 画面

　　图 2-8(a) 呈现的 AR 画面是由学习者经过涂色而形成的。学习者可以根据自己的喜好在指定书页上为"鸟""草""树"等内容涂上适当的颜色，系统可以自动识别书页上学习者绘制的各种颜色，并且据此呈现出虚拟场景和 3D 模型，进而培养学习者的创造力。

　　图 2-8(b) 呈现的 AR 画面以视频为主。当学习者用平板电脑对准黑板上的挂图时，屏幕上会触发显示相关概念的短片。

　　图 2-8(c) 呈现的 AR 画面主要包含两类虚拟图像。当学习者用鼠标改变虚拟开关的位置后，系统将会启动运行测试，就好像在实验室里进行物理测试一样。

① J Green, T Green, A Brown. Augmented Reality in the K-12 Classroom[J]. Techtrends, 2016, 61(05): 1-3.

② A M Borrero, J M A Márquez. A Pilot Study of the Effectiveness of Augmented Reality to Enhance the Use of Remote Labs in Electrical Engineering Education[J]. Journal of Science Education & Technology, 2012, 21(05): 540-557.

2. 基于不同教学方法的 AR 画面设计案例

周森等[1]通过实证研究和理论分析，总结出 AR 最突出的特征是深入推进了设备的技术设计、教师的教学方法和学习者的学习方式三种在应用中的有机结合。其中常用的三种教学方法分别是：基于角色的 AR 教学、基于位置的 AR 教学和基于任务的 AR 教学。

针对基于角色 AR 教学的 AR 画面设计特征一般为：针对学习者的不同角色，为其呈现不同的或部分的信息，以促使成员通过合作与共享完成学习。例如，邓利维（Dunleavy）等[2]介绍了基于 AR 技术的多用户虚拟环境（MUVE），其中包含了虚拟人物和虚拟对象等内容，如图 2-9（a）所示。

针对基于位置 AR 教学的 AR 画面设计特征一般为：与前文"基于位置的 AR 画面"相一致，强调学习者与物理环境之间的交互作用，多通过移动设备来呈现，力求使学习者获得临场真实感。例如，哈雷（Harley）等[3]介绍了基于 AR 技术的"MTL 城市博物馆"，学习者可以手持智能手机拍摄户外场景，并在屏幕上显示该场景对应的历史图片，如图 2-9（b）所示。

针对基于任务 AR 教学的 AR 画面设计特征一般为：可以根据任务的进展向学习者提供不同程度的线索和反馈。例如，陈建旭（Chen）等[4]介绍了一款 AR 概念地图（CMAR），可以帮助学习者在连线的过程中理解食物链的形成过程。该应用的 AR 画面中包含 3D 模型、提示文字、连线和问号等图形符号以及交互按钮等，如图 2-9（c）所示。

（a）"多用户虚拟环境" AR 画面

（b）"MTL 城市博物馆" AR 画面

（c）"CMAR" AR 画面

图 2-9 针对不同教学方法的 AR 画面

① 周森, 尹邦满. 增强现实技术及其在教育领域的应用现状与发展机遇[J]. 电化教育研究, 2017, (03)：86-93.
② M Dunleavy, C Dede, R Mitchell. Affordances and Limitations of Immersive Participatory Augmented Reality Simulations for Teaching and Learning[J]. Journal of Science Education & Technology, 2009, 18(01)：7-22.
③ JM Harley, EG Poitras, A Jarrell, et al. Comparing virtual and location-based augmented reality mobile learning：emotions and learning outcomes[J]. Educational Technology Research & Development, 2016, 64(3)：359-388.
④ CH Chen, YY Chou, CY Huang. An Augmented-Reality-Based Concept Map to Support Mobile Learning for Science[J]. The Asia-Pacific Education Researcher, 2016, 25(4)：567-578.

图 2-9(a) 呈现的 AR 画面是通过 GPS 定位来形成的，其中包含了有关位置信息的社交元素。当学习者进入数字艺术品 30 英尺以内时，AR 和 GPS 软件会触发视频、音频和文本文件，其中包含了叙述、导航、协作线索及学术挑战等信息。

图 2-9(b) 呈现的 AR 画面在真实场景中叠加了虚拟图片。图中用红色线条圈起来的部分表明了当前场景的历史和现状之间的区别。这种虚实融合的学习方式有助于学习者直接体验和学习历史知识。

图 2-9(c) 呈现的 AR 画面可以通过用电脑摄像头识别角色卡片来实现。当动物图像被检测到之后，相应的 3D 模型将会弹出，同时屏幕上会出现连线、箭头、问号等虚拟图形。图形颜色的不同可以反映当前学习进度，如蓝色连线表示动物之间的食物链关系尚未被学习，而黑色箭头表示该内容为"已学"状态。AR 画面中的按钮可以实现不同概念及不同学习阶段的切换。

3. 基于不同显示设备的 AR 画面设计案例

已有的 AR 教育应用研究涉及的 AR 画面显示设备主要有三种：移动设备屏幕（智能手机屏幕、平板电脑屏幕等）、固定设备屏幕（桌面显示器、投影仪等）、头戴式显示屏幕。三类显示设备所能呈现的 AR 画面在沉浸感和交互性方面均有所差别。

针对移动设备屏幕的 AR 画面设计特征一般为：大多可实现简单的手势或按钮交互，但由于设备的移动性，AR 画面能提供给学习者的自然交互幅度受限较多。例如，梅雷迪斯（Meredith）[1]介绍的"AR 图书馆导航工具"画面包含按钮、3D 模型、视频、音频等元素，允许学习者通过点击按钮的方式获得摄入图书的相关信息，交互较为简单，如图 2-10(a) 所示。

针对固定设备屏幕的 AR 画面设计特征一般为：由于显示器（或投影仪）被固定在特定的位置，学习者的双手甚至整个身体被解放出来（尤其是在 Kinect 和 Wii 平台下）。此时，AR 画面可以为学习者提供更大幅度的身体交互机会。例如，在 SMALLab 的化学滴定实验[2]中，AR 画面呈现了虚拟烧杯的 3D 模型，并通过投影投射到地面上，学习者可以与烧杯进行具身交互，如图 2-10(b) 所示。

针对头戴显示装置的 AR 画面设计特征一般为：通过学习者佩戴的专用眼镜来实现，学习者所能看到的虚拟信息和真实环境之间的融合度较裸眼观看时更高。例如，蔡苏等[3]介绍的早期 AR 几何教学应用中，学习者佩戴 3D 眼镜，看到的 AR 画面中包含有与几何知识相关的 3D 模型与图形线条等内容，如图 2-10(c) 所示。

图 2-10(a) 呈现的 AR 画面是通过使用移动设备扫描书本封面来呈现在屏幕上的。学习者可以观看 3D 图像或流媒体传送的信息，并点击屏幕上的选项显示按钮，链接到电话号码、评论等图书相关内容。

图 2-10(b) 呈现的 AR 画面是通过投影投射到地面上的。学习者可以根据滴定程序，用追踪器从身边"抓"住分子，并装入一个投射在地板上的"虚拟烧杯"中。这大大激发了学习者参与实验、观察和讨论分子反应的学习兴趣。

① TR Meredith. Using Augmented Reality Tools to Enhance Children's Library Services[J]. Technology Knowledge & Learning, 2015, 20(01):1-7.
② 杨南昌, 刘晓艳. 具身学习设计: 教学设计研究新取向[J]. 电化教育研究, 2014, (07):24-65.
③ 蔡苏, 王沛文, 杨阳, 等. 增强现实(AR)技术的教育应用综述[J]. 远程教育杂志, 2016, (05):27-40.

图 2-10(c)呈现的 AR 画面是通过学习者的头戴装置来呈现的。该画面根据三视图唯一的原理，将 2D 图形与 3D 直观图形相结合，免去了传统教学中手工制作模型的麻烦，有助于提升学习者空间思维能力、几何水平以及对几何学习的积极性。

（a）"图书馆导航工具"AR 画面　　　　　　（b）"化学滴定实验"AR 画面

（c）"几何教学应用"AR 画面

图 2-10　针对不同显示设备的 AR 画面

三、述　评

通过对已有研究文献的分析发现，AR 画面设计的相关研究还处在起步阶段，但其作为 AR 学习资源开发的必要环节，应当引起研究者的足够重视。然而，目前的研究仍然存在诸多不足，具体表现为如下几个方面。

第一，AR 画面的教育信息特性体现不足。

多媒体画面应当包括多媒体交互界面和多媒体信息画面，前者强调多媒体画面的功能性，主要用于支持学习过程，后者则强调多媒体画面的信息性，主要用于支持学习状态。然而，从 AR 画面设计的理论研究来看，研究者更多强调的是 AR 的交互界面设计，侧重于从人机交互和用户体验的视角来进行分析，更多是体现 AR 学习资源的技术特性或功能特点，难以与教学信息建立充分、有效的链接。因此，目前的研究中，AR 画面的教育信息特性体现不足，日后需加强对多媒体信息画面的探讨。

第二，缺乏用于指导 AR 画面设计的处方性规则。

采用 Mayer 的多媒体学习原则作为设计依据已经成为许多学者的共识。然而，需要注意的是，Mayer 提出的多媒体学习认知理论着眼于探究不同的多媒体学习材料设计如何影响学习者的学习，重点描述和解释多媒体情境下的学习是如何发生的，对于 AR 画面设计具有解释性意义，但不具有处方性意义。国内一些学者提出的设计规则也只是从宏观上把握了设计的方向，并未给出具体的操作规则。因此，可以认为现有的 AR 学习资源设计研究对于画面设计的思考是不充分、不深入的，整理出适用于 AR 学习资源画面设计的规则势在必行。

第三，缺乏对教学系统各要素的全面考量。

从 AR 画面设计的实践案例来看，AR 画面是一种相对复杂的画面，尽管其画面要素并不多，但 AR 画面的设计会受到来自技术应用、教学内容和教学环境等的多方制约。技术、内容和环境的不同会直接影响到 AR 画面要素的选择与布局。然而，尽管有一些研究者已经有意识地针对不同的教学内容和环境进行 AR 画面的设计，但在设计时并未全面考虑 AR 画面与教学系统各要素之间复杂的内在联系，使得 AR 画面设计难以成为系统化的工程。因此，有必要从如何与技术、内容和环境建立联系方面对 AR 画面设计进行深入探讨。

第三章 AR画面设计研究之路径

一个好的问题是顺利开展研究的前提。对 AR 画面设计相关研究的分析，可以帮助我们进一步提炼和聚焦问题，以具体化的问题为起点，设定研究目标和技术路线，可以使解决问题的过程更加严谨和科学。

第一节 问题聚焦

当前 AR 画面设计存在问题的根源在于设计者在设计 AR 学习资源画面时，缺乏系统的观点。系统论认为，世界上的各种事物都不是简单、机械的堆积，或偶然、随意的组合，它是由各种要素通过相互联系、相互作用形成的有机整体，而且事物的这种整体性只存在于各组成部分（要素）的相互联系、相互作用的过程之中[①]。因此，抛开整体谈部分很容易使要素丧失在整体中的性质与功能。

对于 AR 学习资源的画面设计，应着重从画面与画面各要素、画面与外部环境之间的相互联系、相互作用的辩证关系中，全面、综合、动态地去进行考察，并通过对这些关系的分析、综合去揭示 AR 学习资源的整体特性及其画面设计规律，最终促使教学系统不断优化。

基于上述分析，本书认为有必要采用系统观点，构建合理的 AR 学习资源画面设计模型，梳理出适合 AR 学习资源画面设计的若干策略，以使该设计有章可循。

第二节 研究目标

总目标：在多媒体画面语言学的框架下构建 AR 学习资源画面设计模型，并在此基础上梳理出 AR 学习资源画面设计策略，以期达到通过优化 AR 学习资源画面设计提升学习效果的作用。

分目标：

● 理论基础分析。从语言学、心理学等领域寻找可以支持 AR 画面设计理论模型构建的相关理论，分析这些理论的观点对构建 AR 画面设计理论模型起到了怎样的支撑作用。

● 构建 AR 画面设计理论模型。以相关理论为指导，在系统分析 AR 画面设计逻辑起点、核心目标、重点内容、设计框架、设计类型等几个关键问题的基础上，构建 AR 画面设计理论模型。

● 构建 AR 画面设计操作模型。在理论模型的基础上，通过分析不同类别 AR 画面设

[①] 何克抗. 运用"新三论"的系统方法促进教学设计理论与应用的深入发展[J]. 中国电化教育, 2010(01): 7-18.

计与教学内容的对应关系、各步骤的设计要点，以流程图的形式构建 AR 画面设计操作模型。

● 提炼核心命题。围绕 AR 画面设计操作模型，参考相关理论观点和实证研究结论，提炼出由 AR 画面设计操作模型推衍的核心命题，为下一步模型验证研究奠定基础。

● 验证 AR 画面设计模型。通过实验研究、访谈研究、内容分析等多种方法对提炼出的核心命题进行验证，进而解决对 AR 画面设计模型的验证问题。

● 提出 AR 画面设计策略。根据 AR 画面设计模型验证的结果，归纳、总结出若干条提升学习效果的 AR 画面设计策略。

第三节 技术路线

为达成上述研究目标，研究遵循"前期准备→模型建构→模型验证→归纳策略"的基本思路，以文献研究法、实验研究法、访谈研究法、内容分析法等作为具体实施手段。采用的技术路线，如图 3-1 所示。

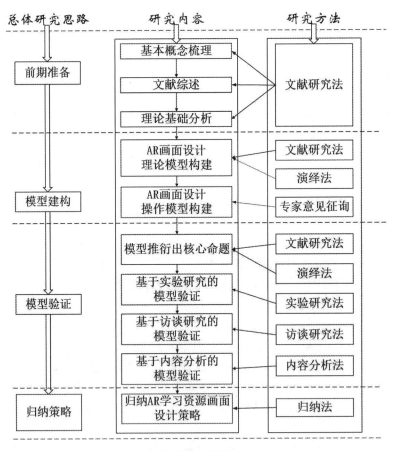

图 3-1 研究采用的技术路线

第四章 AR画面设计研究之理论基础

AR画面是AR学习资源最为接近学习者的部分，也是影响学习者学习效果的关键。作为一种新型的多媒体画面，AR画面的设计应同时满足多媒体画面和AR技术的特征及要求。语言学和心理学的相关理论有助于AR画面以更加准确的、符合学习者认知规律的方式来表现教学内容，具体包括多媒体画面语言学理论、概念整合理论、多媒体学习理论、体验学习理论和具身认知理论。AR画面设计模型的构建应从上述理论中汲取丰富的营养。

第一节 多媒体画面语言学理论

多媒体画面语言学理论是由天津师范大学游泽清教授及其带领的研究团队提出的，旨在使信息化教学中多媒体学习材料的设计、开发和应用有章可循，从而促进信息化教学情境下教学效果的提升。经过多年的探索，研究团队在符号学理论的基础上，确定了多媒体画面语言学的理论框架及研究内容，为后续研究提供了重要依据。

一、多媒体画面语言学理论框架

莫里斯的符号学理论将符号学划分为语构学、语义学和语用学三个方面，相应地，如果把多媒体画面语言类比为符号语言，则可形成多媒体画面语言学的理论框架，即多媒体画面语言学由画面语构学、画面语义学、画面语用学三部分组成。这三个组成部分并非相互独立，而是彼此之间存在着相互影响和相互作用。画面语构学是基础性的，画面语义学和画面语用学需要在画面语构学的基础上开展研究，反过来这两个方面的研究又为画面语构学的基础性研究提出了相应的设计要求。

画面语构学又可称为画面语法学或画面语形学，主要研究多媒体画面中各种符号（即各类媒体）之间的结构和关系，由此得出多媒体画面语言的语法规则。画面语义学研究各类媒体与其所表达或传递的教学内容之间的关系，从中总结出表现不同类型教学内容的规律性的认识，形成"画面语义规则"。画面语用学研究各类媒体与真实的教学环境之间的关系，总结出适合于不同教学环境特征的媒体设计规律，形成"画面语用规则"，旨在取得好的教学效果。[1]

将多媒体画面语言学理论框架按照画面语构学、画面语义学和画面语用学的具体内容进行细化，可以得到较为完整的多媒体画面语言学理论框架，如图4-1所示。

---

[1] 王志军, 王雪. 多媒体画面语言学理论体系的构建研究[J]. 中国电化教育, 2015, (07) : 42-48.

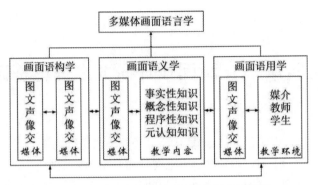

图 4-1　细化后的多媒体画面语言学理论框架

二、启 示

AR 画面本质上是一种虚实融合的多媒体画面，其设计应当遵循多媒体画面语言学的理论框架来进行。从多媒体画面语言学理论框架来看，多媒体画面设计应当是一个系统化的过程，即在综合考虑画面语义设计、画面语用设计的基础上，最后完成画面语构设计的任务，这三个层次的设计也应当是 AR 画面设计需要遵循的重要步骤。与此同时，AR 画面还具有与传统多媒体画面相区别的虚实融合特征，因此，AR 画面设计不仅要考虑同类画面要素之间的匹配关系，还应当关注不同类型画面要素之间的相互关联。

1. AR 画面设计应形成以教学内容为基础的语义策略

多媒体画面语言和文字语言的重要区别在于：文字语言是"形义分离"，而多媒体画面语言是"以形表义"。对于 AR 画面来说，"义"的表达是其最为重要的功能。AR 画面中用于表达教学内容的基本元素应当同教学内容的类型、难度等相匹配，并由此形成 AR 画面设计的语义策略。

2. AR 画面设计应形成以教学环境为基础的语用策略

AR 画面设计的最终目的是提升学习者的学习效果，也就是说，应用是其目标和归宿。由于学习者存在个别差异，同样的 AR 画面应用于不同教学环境中，可能会对教学效果产生不同的影响。因此，在分析了教学内容之后，设计者还需对学习者特征、教师特征、媒介特征进行进一步分析，选择与这些特征密切相关的基本元素，并依此形成 AR 画面设计的语用策略。

3. AR 画面设计应形成以媒体符号为基础的语法策略

AR 画面的语构设计决定了 AR 画面的最终呈现方式，而这恰好是与学习者最为接近的部分。AR 画面由 A、R 画面各自的基本元素以及 A、R 画面之间的关联元素构成，每种元素都有着各自不同的属性和特征，不同元素间的匹配可能会衍生出不同的知觉，进而影响学习者的学习效果。因此，有必要对 AR 画面的基本元素进行深入探讨和分析，思考出合理的元素匹配方式，并依次形成 AR 画面设计的语法策略。

第二节 概念整合理论

概念整合理论（Conceptual Blending Theory，简称 CBT）是由福康尼尔和特纳（Fanconnier & Tunner）在心理空间理论基础上提出的合成空间理论（Blending Space Theory）。该理论的核心是概念整合网络，即通过对心理空间进行基本认知操作，建立互相映射的心理空间网络[①]。

一、概念整合网络

概念整合网络通常包括两个输入空间、一个类属空间以及一个合成空间，如图4-2所示。

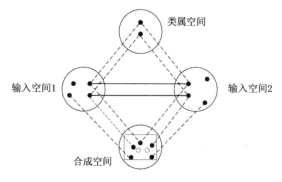

图 4-2 概念整合网络

由图 4-2 可知，在概念整合网络中，合成是作为概念整合的输出项，而这种概念整合是建立在来自不同认知域的输入空间基础之上的。两个输入空间之间存在部分匹配关系，当这种匹配发生时，就会在类属空间中映射出它们共有的一些抽象结构与内容，从而定义出跨空间映射的核心内容，进而发展出合成空间的新创结构。例如，假设两个输入空间分别为"电脑"和"书桌"，两者的共同之处在于它们都是"学习设备"，因此"学习设备"将会是类属空间定义的核心内容，而"电脑桌面"则是在此基础上在合成空间新创出的一个结构[②]。

值得注意的是，并非所有来自输入空间的结构都会被投射到合成空间，一些输入空间的元素根本没有被投射，而另一些元素即使只存在于单一的输入空间，也被投射到了合成空间中。在"计算机文件夹"的示例中，两个输入空间分别是"现实办公室中的文件夹"和"计算机文件系统"。两个输入空间存在部分匹配，如"现实文件夹和计算机文件系统中都是容器""现实文件夹和计算机文件系统都可以被标记"等。"计算机文件夹"概念的合成是选择性投射的结果，一些输入空间的元素并没有被投射，如"现实文件夹只能包含有限数量的项目"与计算机文件系统不能形成匹配，也无法进入类属空间及合成空间；另外一些元素如"计算机文件系统中的文件夹可以包含子文件夹"只存在于一个输入空间中，但也被投射到了"计算机文件夹"的合成空间中。

概念整合是由输入空间到合成空间的整合，只有当输入空间的元素之间产生稳固的联系

① 王林海，刘秀云. 基于概念整合理论的多模态隐喻性语篇的解读[J]. 外语电化教学, 2013, (06):28-33.
② 朱午静，李晓丽. 概念整合理论对医学英语词汇的教学启示[J]. 内蒙古师范大学学报（教育科学版）, 2013, (10):136-137.

时，才能使整合真正发生。因此，可以得出如下推理：不同输入空间中的相关信息越多，能够映射到合成空间的有效元素就越多，而在此基础上形成的概念整合就越坚实、越牢固，在被输入者脑海中留下的记忆也更加清晰和持久。

二、启　示

根据本书对"AR 画面"的定义，AR 画面是在现实世界中叠加了一层虚拟画面而形成的，也就是说，AR 画面实际上是由 A 画面和 R 画面叠加而成的一种合成画面。因此，对 AR 画面的理解，需要从"A+R"的角度去进行分析。

根据概念整合网络，合成空间形成的基础在于不同的输入空间，由此，可以将 AR 画面中的 A 画面和 R 画面分别视为两种不同的输入空间，并在此基础上对 AR 画面的合成效果进行分析。另外需要注意的是，在概念整合网络中，并非两个输入空间中的所有元素都能进入合成空间中，合成的前提是两个输入空间中的元素具有共同的类属空间。由此，可以引发如下思考：要想让 AR 画面真正产生新创结构，具有超越 A、R 画面的"1+1>2"的功效，必须使得 A 画面和 R 画面实现有机融合。

概念整合的过程说明了新创结构是如何形成的。该过程包括以下三个步骤。①组成：不同的源域被诱发，一个源域中的元素被显性地映射到另一个源域当中；②完成：通过将混合物与长时记忆中的记忆或框架相匹配来填充混合物；③细化：将不同的资源聚集在一起，从而产生新的见解[①]。AR 画面由 A 画面叠加于 R 画面之上而形成，这实际上是一个组成的过程，而新创结构的形成有赖于完成和细化过程，如何有效利用学习者长时记忆中的记忆或框架来同化当前知识，是 AR 画面设计需要思考的问题。

第三节　多媒体学习理论

对多媒体学习本质的认识依赖于多媒体学习理论模型的科学构建。到目前为止，国内外学者已经从不同角度提出了各具特色的多媒体学习理论模型，其中有代表性和影响力的主要包括 Mayer 的多媒体学习认知模型、施诺茨（Schnotz）的图文理解整合模型、阿斯特莱特纳（Astleiter）的多媒体学习与动机整合模型、莫雷诺（Moreno）的多媒体学习认知－情感模型等。李智晔[②]认为，这几个模型从不同角度对多媒体学习过程进行了刻画和描述，对深入理解多媒体学习过程做出了重要贡献，但这些模型都是在双通道的基础上构建的，没有考虑到当前非常普遍的交互行为。由此，他考虑到多通道的加工趋势，从传播学、认知心理学相结合的角度，提出了多媒体学习的认知－传播模型。

一、多媒体学习认知－传播模型

多媒体学习的认知－传播模型基于三个基本假设而构建：①三通道假设，人们在进行多媒体信息加工时，对视觉、听觉和交互通道的材料都有相应的信息加工通道，且三个通道既

---

① N Enyedy, J A Danish, D Deliema. Constructing liminal blends in a collaborative augmented-reality learning environment[J]. International Journal of Computer-Supported Collaborative Learning, 2015, 10(01): 7-34.

② 李智晔. 多媒体学习的认知——传播模型及其基本特征[J]. 教育研究, 2013, (08): 112-116.

相互独立，又相互联系；②"从做中学"的效果更佳，在身体交互配合的学习环境中学习效果会更好；③学习过程是认知过程和传播过程的综合体，学习过程既是认知过程，也是信息传播过程。多媒体学习的认知－传播模型需充分体现这三个基本假设，并包含三方面的组成要素，即通道要素、认知要素和传播要素[①]，如图4-3所示。

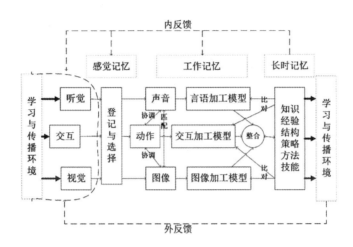

图 4-3 多媒体学习的认知－传播模型

图 4-3 显示，多媒体学习的认知－传播模型主要包括六个基本特征。①两个过程：多媒体学习活动既是学习认知过程，又是信息传播与交换过程。②三个通道：多媒体学习过程包括听觉通道、视觉通道和交互通道。③信息传播与加工的四个阶段：信息的传播与加工需要历经选择与交互、协调与匹配、整合与比对、生成与操作四个阶段。④学习与传播环境：只有学习环境会显现较多的被动性，而传播环境则更多地表现出主动行为，应将二者结合起来。⑤多媒体学习过程的内外反馈：信息的提取、传播和反馈不是单向的，而是一个多向的反馈回路，至少包括从长时记忆、工作记忆、感觉记忆到三通道信息输入端的内部反馈系统，以及从学习与传播环境输出到三通道信息输入端的外部反馈系统。⑥多媒体信息在整合过程中存在比对环节：当新的信息进入加工系统进行整合时，一般来讲，需要先将这些新信息与已有信息或知识进行对比与鉴别，来鉴定新信息的真伪。[②]

二、启 示

从目前 AR 教育应用的相关文献来看，Mayer 的多媒体学习原则被广泛应用于 AR 画面设计，但这些研究大多处于理论构想阶段，鲜有实证验证。从 AR 画面虚实融合的角度去分析，将 Mayer 的观点应用于 AR 画面设计是具有一定的合理性的。但是，从通道的角度来看，Mayer 的理论也遭到了部分研究者的质疑：①Mayer 的多媒体学习认知模型虽最为经典，但并未真正解释学习者是如何去理解图像和文本的，对图像和文本在工作记忆中的整合机制的解释也是非常笼统和模糊；②双通道理论已经逐渐显示出其不完善之处，在此基础上形成的

① 李智晔. 多媒体学习的认知——传播模型及其基本特征[J]. 教育研究, 2013, (08) : 112-116.
② 李智晔. 多媒体学习的认知——传播模型及其基本特征[J]. 教育研究, 2013, (08) : 112-116.

多媒体学习认知模型可能无法对 AR 画面中重要的交互功能加以足够的关注。因此，本书采用李智晔的多媒体学习认知－传播模型是有理论和现实依据的。

多媒体学习认知－传播模型的突出特点是强调信息是通过视觉、听觉、交互三个通道同时传播的。具体到 AR 画面，AR 画面的初始呈现首先需要经过三通道信息传播后，在感觉记忆中进行登记与选择。在这个过程中，对于交互通道的利用是十分重要的，交互通道所能传递的交互信息包括参与学习活动的身体动作、手的感觉、点击、手势、触摸、表情、眼神等内容，可以最大限度发挥认知过程的主观能动性。交互涉及对 3D 模型的手势操纵、点击按钮以及对实物的操纵等内容。由于三个通道需构成一个有机整体，AR 画面中的交互要素也应当与其他视听觉媒体要素进行整合。在设计 AR 画面时，应将重心放在具有交互功能的 3D 模型（或实物）上，同时也要考虑 3D 模型（或实物）与传统的图、文、声、像之间的协调匹配关系。这些画面要素能否整合起来并促使学习的真正发生，不仅取决于画面要素的搭配方式，而且与学习者长时记忆中的先前知识经验有关。先前知识经验因人而异，很大程度上受认知风格、学习动机、学习策略、语言水平等学习者个体特征的影响。

第四节　体验学习理论

体验学习理论（Experiential Learning Theory）是库伯（Kolb）在结合杜威、勒温、皮亚杰的教育思想后提出的。该理论认为，体验学习的核心特征是：①学习被视作一种过程，而不是结果。学习过程中的体验塑造了思维，思维是动态变化的，概念通过经验而得以形成和调整；②学习是以经验为基础的持续过程，学习者在体验中获得和检验知识；③学习是人与环境之间的交互过程，个体和环境的交互作用可以通过体验的双重含义进行表达，一种是主观的、个人的体验，另一种是客观的、环境的体验。[①]Kolb 关于体验学习的思想集中表现在他所提出的"体验式学习圈"当中。

一、体验式学习圈

Kolb 认为体验学习过程是由两个适应性学习阶段构成的环形结构，包括具体的经验（Concrete Experience）、观察和反思（Observation and Reflection）、形成抽象概念（Formation of Abstract Concepts and Generalizations）、在新情境中检验（Test Implications of Concepts in New Situations）四个阶段[②]，如图 4-4 所示。

体验式学习圈表明，学习者的学习过程通常包括四个阶段。①具体体验阶段：完全投入到当时当地的实际体验活动中；②观察和反思阶段：从多个角度观察和思考实际体验活动和经历；③抽象概念的形成和归纳阶段：通过交流与分享，抽象出合乎逻辑的概念和理论；④在新环境中测试概念的含义阶段：运用理论去做出决策和解决问题，并在实际工作中验证自己新形成的概念和理论。

---

① 张露, 尚俊杰. 基于学习体验视角的游戏化学习理论研究[J]. 电化教育研究, 2018, (06)：11-20, 26.
② M E C Santos, A Chen, T Taketomi, et al. Augmented Reality Learning Experiences：Survey of Prototype Design and Evaluation[C]. IEEE Transactions on Learning Technologies, 2014, 7(01)：38-56.

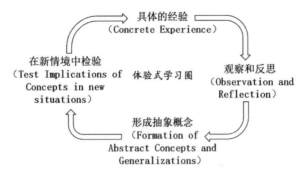

图4-4 体验式学习圈

二、启 示

学习者利用 AR 学习资源进行学习的过程，本身就是一种体验学习的过程。换言之，在体验学习的不同阶段，呈现给学习者的 AR 画面也应当具有不同的特征。体验式学习圈实际上反映的是学习者对知识的内化过程。体验的起点在于具体的经验，学习者在面对一个新的知识点时，需要将其与自身长时记忆中的认知图式相联系，这有赖于 AR 画面的具体化程度。一般来说，多模态的信息、与学习者经验相关的信息以及学习者的亲身参与都有助于将知识的保存由短时记忆过渡到长时记忆当中；体验学习的第二步是观察与反思，为给学习者留有足够的观察与思考空间，AR 画面所呈现的内容和信息量应当被控制在合理的范围之内；学习者在经过观察与反思之后，是否形成了抽象概念，是难以直接观察的，只能依赖于在新情境中的检验。对于 AR 画面的设计者来说，是否应当在适当的时刻为学习者提供新的情境，提供怎样的情境，以及是否设置反馈机制，都是需要思考的问题。

第五节 具身认知理论

"具身"，英文为"Embodiment"，最早源于哲学领域关于身心关系的思辨：由笛卡儿开创的"身心二元论"切断了思维同身体的联系，遭到众多研究者的反对。为超越身心二元的区分，尼采确立了以身体为主线来审视理性思维和伦理的原则，极大地扭转了传统身心二元论对身体的忽视，将身体提升至尽可能的高度，并拉开了"身心一体观"的序幕。伴随着哲学思潮的身体现象学转向以及认知神经科学的兴起，认知科学领域对于心智和身体关系的理解也从"离身认知"转变为"具身认知"。由此，具身认知（Embodied Cognition）成为近年来备受关注的一种新认知观，对教育领域产生了巨大影响。关于"具身认知"的定义，目前学界尚未给出一个标准的说法。郑旭东等[1]采用了"作为与环境融为一体"的具身理解，指出认知、身体与环境之间是紧密相连、不可分割的，它们共同构成了一个动态的统一体，如图4-5 所示。

---

① 郑旭东, 吴秀圆, 王美倩. 多媒体学习研究的未来:基础、挑战与趋势[J]. 现代远程教育研究, 2013, (06):19-22.

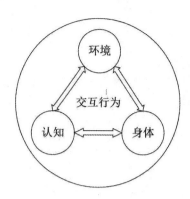

图 4-5　认知、身体与环境的交互

一、具身学习环境四层级框架

格伦伯格（Glenberg）等讨论了技术支持下的具身学习案例，认为设计具身学习活动需要考虑三个关键参数：身体的参与程度、身体姿态与学习内容的匹配程度以及沉浸的感知程度。[①]根据这三个要素所创建的四种不同层级的具身学习环境，即著名的"SMALLab 具身学习设计四层级框架"，柴阳丽等[②]将其称为"学习环境具身程度的层级表"，如表 4-1 所示。

表 4-1　学习环境具身程度的层级表

		不同感知运动　　　　　　手势的一致性　　　　　　沉浸性 ←——————————————————————→			
	变量	1 度	2 度	3 度	4 度
具身学习的关键参数	身体的参与程度	身体静止，一定的动觉、视听觉信息	身体静止，能获取动觉、视听觉信息	较多的感知、触觉和动觉，可使全身参与的运动，一般在固定地方的移动	高度的感知，全身参与的交互运动，身体可移动
	手势与内容的相关性	没有与学习内容相关的手势	有一定相称手势的互动	有相称的手势，但通常不是有形的实体操控	手势、可触摸的操控与学习内容高度一致
	感知的沉浸性	没有互动，属于感知符号的观察，感觉不到沉浸	感觉不到沉浸	沉浸和半沉浸的	沉浸的

---

① 李青, 赵越. 具身学习国外研究及实践现状述评——基于 2009－2015 年的 SSCI 期刊文献[J]. 远程教育杂志, 2016, (05)：59-67.

② 柴阳丽, 陈向东. 面向具身认知的学习环境研究综述[J]. 电化教育研究, 2017, (09)：71-77, 101.

二、启 示

具身认知理论重视身体和环境在认知中的重要作用，强调环境、身体与认知三者彼此存在交互关系，这和 AR 画面重视虚实融合的观点不谋而合。表 4-1 所示的学习环境具身程度层级实际上反映了构建具身学习环境的必备要素和设计指南。该层级表指出，学习环境的构建应从身体的参与程度、手势与内容的相关性、感知的沉浸性三个维度进行思考，在具体实施时，应尽可能使学习环境的具身程度由 1 度向 4 度转化。关于多媒体画面和学习环境的关系，游泽清[①]认为多媒体画面具有营造学习环境的功能。由此可知，AR 画面具有营造具身学习环境的功能。因此，AR 画面的设计也应对具身学习三要素加以重视。具体来说，AR 画面设计需要考虑如下三个方面：尽可能提高学习者与 AR 画面进行交互时的身体参与程度，尽可能提高学习者的交互手势与 AR 画面中内容的相关性，尽可能提高学习者在观看与操纵 AR 画面时所获得的沉浸感。

具身学习的第一个关键要素是身体的参与程度。一般认为，身体的参与程度越高，动作幅度越大，就越能体现具身的特征。实际的身体参与在级别较高的具身学习环境中是容易实现的，但 AR 画面往往受呈现媒介的限制，学习者很难有大幅运动的机会。特别是目前易于推广的移动 AR，学习者只能利用手势交互、按钮交互等方式简单地对小屏幕画面进行操纵，身体参与程度受限。那么，如何对 AR 画面进行设计以提高学习者的身体参与程度呢？诺伊认为，行动并不等同于实际的身体运动，而只是对内隐感觉运动知识的运用[②]。知觉与运动之间的函数关系可以表示为：知觉的确立（知觉经验的完成）~f（感觉刺激）+g（身体的感觉运动技能/知识）[③]。这引发了我们的思考：为什么具身学习要强调提高学习者的身体参与程度呢？或许这和学习者的知觉视角有关。身体参与程度越高，说明学习者可获得的观察视角越广，从而得到的内隐感觉运动知识就越丰富。由此，针对 AR 画面设计，可以提出这样的假设：当学习者无法获得足够的身体参与机会时，可以通过尽可能扩大 AR 画面所呈现的视角来实现对实际身体运动的替代，从而使学习者获得足够的内隐感觉运动知识，进而丰富学习者的知觉经验。

具身学习的第二个关键要素是手势与内容的相关性保持一致，这反映了具身模拟理论的观点。镜像神经元的发现为具身模拟理论提供了神经科学的基础。从已有的研究可知，可用于激活镜像神经元的知识主要是一些行为、动作类知识，这使得具身模拟理论所适用的知识对象具有一定的针对性。依据教育学和认知心理学界普遍认可的对知识的属性分类，知识可包括事实性知识、概念性知识、程序性知识和元认知知识。可实现具身模拟的知识主要为程序性知识，即关于如何去做的知识，如技能、方法等。手势与内容保持一致涉及 AR 画面要素与知识内容的匹配问题，那么，如何匹配呢？由镜像神经机制得到的启示是：针对不同类知识，既可以由学习者通过实际执行该知识中隐含的动作来理解，也可以让学习者通过观察他人执行相应动作而实现对该类知识的认知。

具身学习的第三个关键要素是感知的沉浸程度。目前具身认知的相关研究对于"沉浸"的理解主要是针对多模态而言。例如，杨南昌等[④]指出，多模态感知（通过看、听和身体的

① 游泽清. 如何开展对多媒体画面认知规律的研究[J]. 中国电化教育, 2005, (10):85-87, 88.
② 孙慧中. 视觉的双通道理论与感觉运动理论之争——以"经验盲"研究为例[D]. 济南:山东大学, 2014.
③ 苏丽. 现象学视角下感觉运动理论之反思——以知觉内容的双重性为特征[J]. 哲学研究, 2016, (05):17-21.
④ 杨南昌, 刘晓艳. 具身学习设计:教学设计研究新取向[J]. 电化教育研究, 2014, (07):24-29, 65.

感知经验）是具身学习环境的一个重要特征；柴阳丽等[1]认为，人用触笔写字时，注意力可以集中在任务本身，而增强沉浸体验；宝京（Bokyung）[2]描述了基于先前沉浸体验研究的概念模型，发现已有的研究认为媒体特征（感知沉浸、导航、操纵）会影响存在感，继而增强心流体验，通过进一步的实验研究，他发现在媒体的三个特征中，感知沉浸对于心流体验的获得最为有效。因此，AR 画面应重视对多模态感知的设计。

① 柴阳丽, 陈向东. 面向具身认知的学习环境研究综述[J]. 电化教育研究, 2017, (09) : 71-77, 101.
② K Bokyung. Investigation on the Relationships among Media Characteristics, Presence, Flow, and Learning Effects in Augmen
-ted Reality Based Learning[J]. International Journal for Education Media and Technology, 2008, 2 (01) :4-14.

第五章 AR 画面设计之理论模型

AR 画面设计理论模型的构建是一项具有严谨性和综合性的工作，需要建立在已有经典理论和对 AR 画面要素、AR 学习效果影响因素等内容进行分析的基础之上来完成。

第一节 理论模型的构建思路

一、逻辑起点：学习情境由始源情境向目标情境的转化

情境认知理论（Situated Cognition Theory）强调真实情境的创设对有效学习的意义。[①]然而，现实世界（Reality，简称 R）作为情境的主要来源，受客观条件的约束，在表达抽象知识方面存在较大的局限，难以为学习者提供充足的信息资源，不利于认知的形成和学习的真正发生。当前流行的虚拟现实（Virtual Reality，简称 VR）在营造学习情境方面也存在不足之处，其所反映的"现实"难以精确模拟出现实世界的全部属性。因此，如何为始源情境（学习者所处的现实世界）增加必要的内容，以使其转化为有利于学习者获取知识、技能和态度的目标情境，进而促成学习方式的变革，是迫切需要解决的问题。

AR 技术的出现，为赋能情境学习、变革学习方式创造了条件。作为 AR 技术的主要承载物，AR 资源可以在始源情境的基础上叠加虚拟化的学习内容，以帮助学习者形成有利于知识建构的目标情境，并通过这种情境促成学习方式的转变。可见，AR 资源具有促成学习情境转变的理论潜力，但只有充分明确了学习者的真正需求和认知规律，变"人适应技术"为"技术适应人"之后，才能使情境有效服务于学习。因此，学习情境由始源情境向目标情境的转化应当作为 AR 画面设计的逻辑起点。[②]

二、核心目标："亮点"新质的形成

"新质"最初是游泽清教授提出的概念。所谓"新质"，又称"格式塔质"（Gestalt Value），是指知觉与画面上客观刺激之差[③]，是在学习者大脑中形成的"亮点"。具体来说，学习者在观看多媒体画面时所知觉到的内容并非基本元素（图、文、声、像、交）本身，而是在基本元素发生合理衍变的基础上，参考学习者大脑长时记忆中的知识或经验而获得的知觉要素。这部分内容一般会多于画面上呈现的基本元素，而这些多出来的部分就是新质。

对于 AR 画面而言，新质的形成更为复杂。具身认知认为，身体是认知的基点，身体元素包含了感官系统和运动系统，二者共同参与认知过程。[④]由此，尝试对 AR 画面中"新质"

---

① 王宇, 汪琼. 慕课环境下的真实学习设计：基于情境认知的视角[J]. 中国远程教育, 2018, (03)：5-13, 79.
② 王志军, 刘潇. 促进学习情境转化的增强现实学习资源设计研究[J]. 中国电化教育, 2019, (06)：114-122.
③ 游泽清. 多媒体画面艺术设计(第 2 版)[M]. 北京：清华大学出版社, 2013.
④ 周荣庭, 曹雅慧. 具身认知理论下增强现实图书创新设计策略[J]. 科技与出版, 2018, (11)：110-114.

的形成做如下描述：学习者在观看 AR 画面时，一方面通过感官系统对画面元素进行感知、体验，结合已有的认知图式，在头脑中进行了深度加工，进而形成对画面内容的理解；另一方面利用运动系统将与画面进行交互的身体动作内化，准确把握画面所表达的内容特征。两种系统的共同作用，最终促进了新质的形成。学习者通过将新质与直接感知到的画面内容叠加在一起，形成对知识的深度理解。可见，AR 画面并非只允许学习者被动接受客观存在物，其重要价值在于为学习者提供信息加工的原材料，进而帮助其形成新质。

值得注意的是，相比传统多媒体画面，AR 画面更助于新质的形成，而且这些新质从质和量上都具有超越传统多媒体画面的优势。这一点可以从情境认知和认知负荷的角度进行解释。情境认知理论强调环境在学习者认知中的重要作用，R 画面所呈现的内容恰好是与学习者生活经验直接相关的真实环境，学习者从 R 画面中获取的知识实际上属于生物基本知识（Biologically Primary Knowledge），是人类演化过程中获得的生物信息，其处理不会占用学习者太多的认知资源，因而也极少产生外在认知负荷。由于学习者的工作记忆资源是有限的，R 画面所带来的便利使得学习者有更多的资源去加工 A 画面和 A、R 关联所带来的生物次要知识（Biologically Secondary Knowledge），并形成对这类知识的深度加工，进而最终产生更多的新质。

新质是情境转化的必要不充分条件，即由始源情境向学习情境的过渡需要新质的参与，但新质的出现未必能真正实现情境转化。当新质能为学习者带来和谐的知觉美感，并有助于学习者理解始源情境时，这种新质就是亮点，可起到加速情境转化的作用；当新质给学习者带来不和谐的知觉效果，并让学习者对始源情境感到困惑时，这种新质就是败笔，反而会阻碍情境转化的形成。因此，有必要通过一定的手段，确保学习者大脑中形成的新质是亮点而非败笔。

作为新质形成的基础，AR 画面中构成要素的不同类型、属性与相互组合，会为学习者带来不同的知觉感受和认知负荷。由于人的工作记忆容量有限，认知负荷的水平与学习者的信息加工能力息息相关。研究者认为，由学习材料的组织与呈现方式所带来的外在认知负荷是无效的，会占用大量工作记忆资源，大大影响了学习者对信息进行深度加工，不利于其对始源情境的理解。因此，要想让新质形成并成为亮点，必须对 AR 画面进行合理设计，尽可能降低由画面引起的外在认知负荷。

如何将 A 画面合理叠加于 R 画面之上是 AR 画面设计的关键问题。从哲学角度看，R 画面所表达的是一种现象，学习者在单纯观看 R 画面时，往往只能看到事物的表面，在大脑中所反映的意象也只能体现事物的客观性，未必能对事物的本质特征进行准确把握，即"眼见不一定为实"。A 画面的作用在于为学习者提供认知的"支架"，帮助其形成对 R 画面的深度理解。可见，A、R 画面的叠加是新质形成的关键，由合理叠加而产生的新质是亮点，有助于学习者准确把握始源情境的本质特征，从而达到透过现象看本质的重要目标；由失当叠加而产生的新质是败笔，可能会歪曲学习者对始源情境本质的理解。因此，有必要对 A、R 画面的叠加问题进行深入思考，并将其作为系统化工程来全面考量。[①]

综上所述，AR 画面设计是优化新质并加速情境转化的重要途径，其主要任务是充分利用 AR 技术虚实融合、实时交互和三维配准的特征，通过对 A 画面的设计和对 R 画面的干

---

① 王志军, 刘潇. 促进学习情境转化的增强现实学习资源设计研究[J]. 中国电化教育, 2019, (06)：114-122.

预,使得由A画面和R画面叠加而成的AR画面能够有效实现如图5-1所示的情境转化过程。

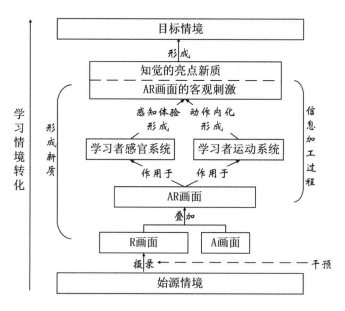

图 5-1 AR 画面中的"新质"与情境转化过程

三、重点内容:AR 画面的有效融合

AR 画面由 A 画面和 R 画面叠加而成,那么究竟着重进行哪种设计有助于 AR 画面新质的形成呢?AR 画面中新质的来源主要有两类:①A、R 画面基本要素之间的合理衍变;②A 画面中各基本要素之间的合理衍变。AR 画面是由 A 画面和 R 画面共同组成的,R 画面是通过对现实世界的摄入而获得的,是无法预设的,A 画面必须根据 R 画面中的内容而设计。因此,去掉 R 画面单独考虑 A 画面中各基本要素如何衍变是没有意义的,A、R 画面基本要素的搭配问题应当是进行设计时首要考虑的内容。根据概念整合理论对本书的启示,只有当 A、R 画面能实现有效融合时,才能促使 AR 画面中新质的产生。因此,AR 画面设计的主要内容实际上是"A 画面与 R 画面的融合设计",如图 5-2 所示,这也与 AR 技术虚实融合的核心特征相一致。

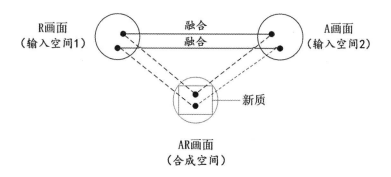

图 5-2 A、R 画面与 AR 画面的关系

四、设计框架：语义融合+语用融合+语构融合

AR 画面本质上是一种多媒体画面，其设计应当遵循多媒体画面语言学所规定的研究框架来进行。根据多媒体画面语言学对本研究的启示，AR 画面设计应当在画面语义设计和画面语用设计的基础上，最后完成画面语构设计的工作。前文分析中谈到，AR 画面设计的主要内容是 A、R 画面的融合设计，由此可以推测出 AR 画面设计的设计框架应当包括三个部分：A 画面与 R 画面的语义融合设计、A 画面与 R 画面的语用融合设计以及 A 画面与 R 画面的语构融合设计。

画面语义融合设计：考虑 A、R 画面中各要素之间的语义逻辑关系，关注各要素与教学内容之间的匹配关系，实现 AR 画面的信息架构。

画面语用融合设计：考虑使学习者通过 AR 画面建立知识与自身的关联，关注 A、R 画面中构成要素与教学环境（学习者、教师、媒介/环境）之间的匹配关系，使之与特定的学习方式相适应，实现 AR 画面的功能架构。

画面语构融合设计：考虑在 A、R 画面叠加之后，能使学习者形成亮点新质，关注 A、R 画面中构成要素之间的匹配关系，实现 AR 画面的知觉传达。该设计是 AR 画面设计的最后一个阶段，是在充分考虑语义融合和语用融合的基础上进行的，目的在于形成集内容、功能和美学为一体的 AR 画面，切实解决情境转化的问题。[①]

五、设计类型：注释设计+场景设计+交互设计

关于 AR 画面设计的分类，本书从 AR 画面给学习者带来的不同学习体验来进行分析。Santos 等[②]对 503 篇与 ARLE（AR 学习体验）相关的文献进行了系统化分析，基于对人类记忆系统的分析，发现有三种方式的学习体验可以帮助学习者提高学习效果，分别是：真实世界注释（Real World Annotation）、上下文可视化（Contextual Visualization）、视觉－触觉可视化（Vision-haptic Visualization）。

真实世界注释有助于改善学习者对真实世界的感知。它将真实的对象、虚拟文本和其他符号并置在一起，减少了有限的工作记忆中的认知负荷，使得更多的短时记忆（STM）资源可用于处理认知过程，并将处理的结果保存在长时记忆（LTM）系统中。

上下文可视化提升了说明的详细程度，可以为学习者提供在现实世界中发现的更有意义的线索，帮助学习者构建更为复杂的知识网络。

视觉－触觉可视化改善了基于具身成像的精细化程度，指出视觉信息通常以视觉和触觉两种形式来呈现。

不同的 AR 画面设计会为学习者带来不同的学习体验，基于此，本书将 AR 画面设计分为三大类别：注释设计、场景设计和交互设计，分别用于提升真实世界注释、上下文可视化和视觉－触觉可视化的学习体验。

---

① 王志军, 刘潇. 促进学习情境转化的增强现实学习资源设计研究[J]. 中国电化教育, 2019, (06)：114-122.

② M E C Santos, A Chen, T Taketomi, G Yamamoto, et al. Augmented Reality Learning Experiences: Survey of Prototype Design and Evaluation[J]. IEEE Transactions on Learning Technologies, 2014, 7(01)：38-56.

第二节 理论模型的结构与内容

基于相关理论对本书的启示，结合前文的构建思路，提出一个 AR 画面设计理论模型，如图 5-3 所示。该模型认为，从 AR 画面设计的层次框架来看，主要包括认知层和设计层两个层面。

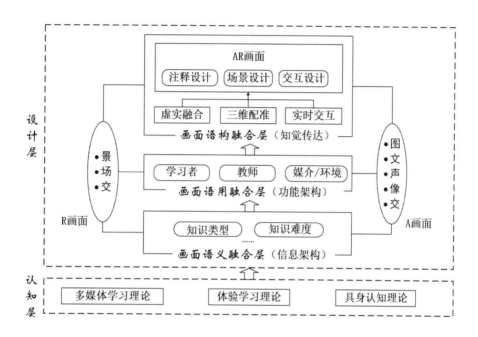

图 5-3 AR 画面设计理论模型

一、 理论模型的结构

（一）认知层

已有的多媒体画面设计研究都将认知心理学理论作为重要的理论基础，为多媒体画面设计提供解释性依据，以满足学习者对多媒体画面设计的两大诉求：知识呈现要符合认知加工规律、画面设计要符合艺术审美规律。在这两大诉求中，知识呈现要符合学习者认知加工规律为首要诉求。[①]在多媒体画面设计研究中，常被用到的认知心理学理论包括工作记忆理论、认知负荷理论、多媒体学习理论等。本书认为，工作记忆理论和认知负荷理论是构建多媒体学习理论的基础，因此，在进行 AR 画面设计时，不再强调这两种理论的指导作用。

依据 Santos 等[②]的总结，以及对 AR 教育应用相关研究的分析，本书将多媒体学习理论、体验学习理论和具身认知理论作为 AR 画面设计的认知依据，将其放置于模型的底层（认知层），对设计层的具体设计提供思路。

---

① 王雪. 多媒体画面中文本要素设计规则的实验研究[D]. 天津: 天津师范大学, 2015: 49.
② M E C Santos, A Chen, T Taketomi, et al. Augmented Reality Learning Experiences: Survey of Prototype Design and Evaluation[J]. IEEE Transactions on Learning Technologies, 2014, 7(01): 38-56.

（二）设计层

设计层的直接目的是生成 AR 画面的制作方案。根据构建思路部分的分析，在多媒体画面语言学理论和概念整合理论指导下的 AR 画面设计应包括三个子层次：画面语义融合层、画面语用融合层和画面语构融合层。这三个子层次在图 5-3 中表现为线性、递进的顺序。

1. 画面语义融合层

AR 画面的设计需要考虑知识内容的最佳呈现，画面语义融合层的目标就在于规范 AR 画面的设计格式，从而梳理出 AR 画面的语义设计策略。画面语义融合层位于 AR 画面设计理论模型设计层的底层，可作为 AR 画面设计的起点。具体来说，画面语义融合层的关键在于语义融合，其承担的主要任务为：分析所要学习的教学内容，观察 R 画面或 A 画面对该教学内容呈现的不足之处，相应地归纳出 A 画面或 R 画面应当补充呈现的内容，使之真正发挥"脚手架"的作用，帮助学习者顺利跨越"最近发展区"，以实现 AR 画面的信息架构。

2. 画面语用融合层

AR 画面的设计需要考虑其在教学与学习中的实际运用，画面语用融合层的目标就在于规范 AR 画面的教学格式，从而梳理出 AR 画面的语用设计策略。画面语用融合层位于 AR 画面设计理论模型设计层的中层，在画面语义融合设计和画面语构融合设计中起居间调节作用。具体来说，画面语用融合层的关键在于语用融合，其承担的主要任务为：以对 AR 画面呈现教学内容的分析为起点，思考不同的学习者、教师和媒介/环境如何在 A、R 画面中与该内容进行交互，从而勾画出适用于特定教学环境的 AR 画面设计轮廓，以实现 AR 画面的功能架构。

3. 画面语构融合层

AR 画面的设计需要符合学习者的艺术审美需求，画面语构融合层的目标就在于规范 AR 画面的艺术格式，从而梳理出 AR 画面的语法设计策略。画面语构融合层位于 AR 画面设计理论模型设计层的顶层，是 AR 画面设计的终点，决定了虚实融合而成的 AR 画面是否产生了超越 A、R 画面的亮点新质。具体来说，画面语构融合层的关键在于语构融合，其承担的主要任务为：结合画面语义融合层和画面语用融合层所做的工作，设计/干预 A 画面或 R 画面中的构成要素，使之与 A、R 画面中的要素和谐匹配，以实现 AR 画面的知觉传达。

二、理论模型的内容

根据 AR 学习体验的分类，本书总结了 AR 画面设计的三大类型：注释设计、场景设计和交互设计。

（一）注释设计

注释是 AR 技术的最常见应用形式，旨在为现实世界的对象或环境添加必要的注释信息。注释，又称"注解""注"，是对文本中的概念、涉及的事件和人物进行解释，是一种灵活、简便的解释方式。很多 AR 应用将文本作为真实世界注释的主要符号，但事实上 AR 注释并不仅限于文本，它还可以包含其他符号和图标。AR 画面的注释设计强调对 A 画面的视听觉设计，用于对 R 画面中的场景元素进行简单注解。相关案例如表 5-1 所示。

表 5-1　AR 画面注释设计案例

作者	R 画面内容	A 画面内容
塞里奥（Serio）等[1]	文艺复兴时期的复制品	与艺术相关的文本细节
陈志明（Chen）等[2]	图书馆	虚拟人物对图书馆结构的口语暗示
松友（Matsutomo）等[3]	磁铁	磁场线
鲍尔（Power）等[4]	大学校园	标志
黄锋（Huang）等[5]	钢琴	强调音符的正确手指位置
岩田（Iwata）等[6]	围棋	将围棋棋子（石头）加入战略模式当中
西蒙尼（Simeone）等[7]	文化产物	与人类学相关的文本细节
山边（Yamabe）等[8]	爵士鼓	强调击鼓的顺序
Simeone 等[9]	飞机模型	与飞机部件相关的描述和说明
本川（Motokawa）等[10]	吉他	强调和弦的手指位置
索蒂里欧（Sotiriou）等[11]	车和其他对象	作用在物体上的力

（二）场景设计

　　场景的作用在于为学习者营造有利于其认知的语境。语境论认为，符号真正的意义存在于它的使用过程，即语境。[12]抽象的知识内容只有在特定的场景中表达才能体现其价值和意义。当学习者面对抽象知识感到难以理解时，AR 画面所提供的场景可以充当线索的功能，

　　[1] A D Serio, CD Kloos. Impact of an augmented reality system on students' motivation for a visual art course[J]. Computers & Education, 2013, 68（68）：586-596.

　　[2] C M Chen, YN Tsai. Interactive augmented reality system for enhancing library instruction inelementary schools[J]. Computers & Education, 2012, 59（02）：638-652.

　　[3] S Matsutomo, T Miyauchi, S Noguchi, et al. Real-Time Visualization System of Magnetic Field Utilizing Augmented Reality Technology for Education[J]. IEEE Transactions on Magnetics. 2012, 48（02）：531-534.

　　[4] M Power, S Barma, S Daniel. Mind your game, game your mind! Mobile gaming for co-constructing knowledge[J]. Ed-media, 2011, 2011（01）：324-334.

　　[5] F Huang, Y Zhou, Y Yu, et al. Piano AR：A Markerless Augmented Reality Based Piano Teaching System[J]. International Conference on Intelligent Human-machine Systems & Cybernetics, 2011, 2：47-52.

　　[6] T Iwata, T Yamabe, T Nakajima. Augmented Reality Go：Extending Traditional Game Play with Interactive Self-Learning Support[J]. IEEE International Conference on Embedded & Real-time Computing Systems & Applications, 2011, 1：105-114.

　　[7] L Simeone, S Iaconesi. Anthropological Conversations：Augmented Reality Enhanced Artifacts to Foster Education in Cultural Anthropology[J]. IEEE International Conference on Advanced Learning Technologies, 2011：126-128.

　　[8] T Yamabe, H Asuma, S Kiyono, et al. Feedback Design in Augmented Musical Instruments：A Case Study with an AR Drum Kit[J]. IEEE International Conference on Embedded & Real-time Computing Systems & Applications, 2011, 2（02）：126-129.

　　[9] L Simeone, S Laconesi. Toys++ AR Embodied Agents as Tools to Learn by Building[J]. IEEE International Conference on Advanced Learning Technologies, 2010, 103（05）：649-650.

　　[10] Y Motokawa, H Saito. Support system for guitar playing using augmented reality display[J]. IEEE & Acm International Symposium on Mixed & Augmented Reality, 2006：243-244.

　　[11] S Sotiriou, S Anastopoulou, S Rosenfeld, O Aharoni, et al. Visualizing the Invisible：The CONNECT Approach for Teaching Science[C]. International Conference on Advanced Learning Technologies, 2006：1084-1086.

　　[12] 蒋晓丽, 梁旭燕. 场景：移动互联时代的新生力量——场景传播的符号学解读[J]. 现代传播（中国传媒大学学报）[J]. 2016, （03）：12-16, 20.

帮助建立抽象符号与其使用之间的联系。AR 画面的场景设计强调对 R 画面的干预，通过适当地安排场景中的元素，来为 A 画面中抽象的知识内容提供合理的语境。相关案例如表 5-2 所示。

表 5-2 AR 画面场景设计案例

作者	A 画面内容	R 画面内容
刘宗禹（Liu）[①]	英语语言	学校校园
塔伦（Tarng）等[②]	蝴蝶的生命周期	学校花园
Chen 等[③]	图书馆技能	图书馆
雷特梅尔（Reitmayr）等[④]	动物和植物的生命	当地公园
凯尔（Keil）等[⑤]	建筑历史	建筑物
裴斯（Pais）等[⑥]	寻找专为失聪学生设计的机构	学校门前的大街
Klopfer 等[⑦]	基于位置的故事游戏	当地邻居
阿尔瓦尼蒂斯（Arvanitis）等[⑧]	气流、磁性、力量	科学中心
中杉（Nakasugi）等[⑨]	历史事件	事件发生的原始地点

（三）交互设计

关于交互，游泽清分别从技术、艺术和教学角度对其功能进行了分析。从技术角度看，交互功能为画面组接提供了多种组接方式；从艺术角度看，交互功能使有限的屏幕画面得到了最大限度的利用；从教学角度看，交互功能有利于学习者参与教学活动。[⑩]由于交互相比其他画面要素更有利于发挥学习者的主动性，近年来多媒体画面的相关研究也越来越重视对交互的设计，而在 AR 画面中，交互则更为普遍。研究发现，有形用户界面与 AR 的耦合使

---

① T Y Liu. A context-aware ubiquitous learning environment for language listening and speaking[J].Journal of Computer Assisted Learning, 2009, 25(06):515-527.

② W Tarng, KL Ou. A Study of Campus Butterfly Ecology Learning System Based on Augmented Reality and Mobile Learning[C]. IEEE Seventh International Conference on Wireless, 2012:62-66.

③ C M Chen, Y N Tsai. Interactive augmented reality system for enhancing library instruction inelementary schools[J]. Computers & Education, 2012, 59(02):638-652.

④ G Reitmayr, D Schmalstieg. Collaborative augmented reality for outdoor navigation and information browsing[J]. Proceedings of the Symposium on Location Based Services & Telecartography, 2004:31-41.

⑤ J Keil, M Zollner, M Becker, et al. The House of Olbrich——An Augmented Reality tour through architectural history[C]. IEEE International Symposium on Mixed & Augmented Reality-arts, Media, & Humanities, 2011:15-18.

⑥ F Pais, S Vasconcelos, S Capitão, et al. Mobile learning and augmented reality[J].Information Systems & Technologies, 2011:1-4.

⑦ E Klopfer, J Sheldon. Augmenting your own reality: student authoring of science-based augmented reality games[J]. New Directions for Youth Development, 2010, 2010(128):85.

⑧ T N Arvanitis, A Petrou, JF Knight, et al. Human factors and qualitative pedagogical evaluation of a mobile augmented reality system for science education used by learners with physical disabilities[J]. Personal & Ubiquitous Computing, 2009, 13(03):243-250.

⑨ H Nakasugi, Y Yamachi. Past Viewer:Development of Wearable Learning System for History Education[C]. International Conference on Computers in Education, 2002, 2(01):1311-1312.

⑩ 游泽清. 多媒体画面艺术设计(第 2 版)[M]. 北京:清华大学出版社, 2013.

得有形输入（对物理对象的操作）和数字输出（屏幕显示）之间能够进行紧密的映射。AR
画面的交互设计关注学习者在进行 AR 画面组接时，如何充分发挥其主观能动性。相关案例
如表 5-3 所示。

表 5-3　AR 画面交互设计案例

作者	内容	A、R 画面交互
布卢姆（Blum）等[①]	人体解剖学	用户可以四处走动去看他的内脏
马丁·古铁雷斯（Martín-Gutiérrez）[②]	空间能力训练	用户可以旋转呈现在笔记本电脑上的虚拟模型
松友（Matsutomo）等[③]	磁场概念	用户可以在磁铁周围移动，看看磁场是如何变化的
李启铭（Li）等[④]	汉字	用户可以控制表示汉字的 3D 虚拟对象
李鼐（Li）等[⑤]	弹性碰撞	用户可以从不同的视角看到两个碰撞的球
萨义德（Sayed）等[⑥]	与课程相关的 3D 物体	用户可看到呈现在卡片上的 3D 模型，并能用手对其进行操纵
波兹里·瓦特·乌兰（Vate-U-Lan）[⑦]	儿童故事	将 3D 弹出书提供给用户
Liu[⑧]	太阳系	用户可以从书中看到天体
佩雷斯洛佩斯（Pérezlópez）等[⑨]	消化系统和循环系统	用户可以看到与 AR 标记相关的内部器官的 3D 虚拟模型
西莱奥（Sylaiou）等[⑩]	艺术和文化	用户可以在 AR 博物馆中旅行

[①] T Blum, V Kleeberger, C Bichlmeier, et al. Mirracle：An augmented reality magic mirror system for anatomy education[J]. Virtual Reality Short Papers & Posters, 2012, 3（01）：115-116.

[②] J Martín-Gutiérrez, JL Saorín, M Contero, et al. Design and validation of an augmented book for spatial abilities development in engineering students[J]. Computers & Graphics, 2010, 34（01）：77-91.

[③] S Matsutomo, T Miyauchi, S Noguchi, et al.Real-Time Visualization System of Magnetic Field Utilizing Augmented Reality Technology for Education[J]. IEEE Transactions on Magnetics, 2012, 48（02）：531-534.

[④] QM Li, YM Chen, DY Ma, et al. Design and implementation of a Chinese character teaching system based on augmented reality interaction technology [C]. IEEE International Conference on Computer Science & Automation Engineering, 2011, 2：322-326.

[⑤] N Li, YX Gu, L Chang, et al. Influences of AR-Supported Simulation on Learning Effectiveness in Face-to-face Collaborative Learning for Physics[C]. IEEE International Conference on Advanced Learning Technologies, 2011, 10（03）：320-322.

[⑥] NAME Sayed, HH Zayed, MI Sharawy. ARSC: Augmented reality student card[J]. Computers & Education, 2011, 56（04）：1045-1061.

[⑦] P Vate-U-Lan. Augmented Reality 3D pop-up children book：Instructional design for hybrid learning[C]. IEEE International Conference on E-learning in Industrial Electronics, 2011：95-100.

[⑧] TY Liu. A context-aware ubiquitous learning environment for language listening and speaking[J]. Journal of Computer Assisted Learning, 2009, 25（06）：515-527.

[⑨] D Pérezlópez, M Contero, M Alcañiz. Collaborative Development of an Augmented Reality Application for Digestive and Circulatory Systems Teaching[C]. IEEE International Conference on Advanced Learning Technologies, 2010：173-175.

[⑩] S Sylaiou, K Mania, A Karoulis, et al. Exploring the relationship between presence and enjoyment in a virtual museum[J]. International Journal of Human-Computer Studies, 2010, 68（05）：243-253.

续表

作者	内容	A、R 画面交互
陈宇谦（Chen）[①]	氨基酸	用户可以看到氨基酸的 3D 虚拟模型
Kaufmann[②]	几何和空间能力	用户可以在虚拟的几何图形中移动
菲尔德（Fjeld）等[③]	电负极的偶极矩	用户可以看到分子的 3D 虚拟模型
谢尔顿（Shelton）等[④]	太阳系	用户可以改变地球对太阳的位置，并观察其对地球的影响

第三节　理论模型的特点与意义

AR 画面设计理论模型是在汲取语言学和心理学相关理论观点的基础上，以多媒体画面语言学的语义、语用和语法设计层级为框架而构建的。该模型描绘了 A 画面和 R 画面之间的关系与作用，强调需从画面融合的角度去进行 AR 画面的设计，以促使 AR 画面中新质的形成。同时，理论模型中还根据不同的 AR 画面类型提出了三种设计类别：注释设计、场景设计和交互设计，为下一步操作模型的构建奠定基础。

一、理论模型的特点

总体而言，AR 画面设计理论模型具有结构化的特征。

设计是一项充满不确定性的、模糊的认知活动，与设计者自身的知识经验、能力素质存在很大的关系，对设计过程结构化有助于清晰定义设计问题的解决过程。模型将 AR 画面的设计过程分为语义融合、语用融合和语构融合三大层次，语义融合层次说明了对于教学内容的考察重点，语用融合层次说明了需要分析的学习者、教师和媒介环境因素，语构融合层次则提出了针对不同类型 AR 画面的三种设计，有助于现实中的设计。

二、理论模型的意义

本书构建的 AR 画面设计理论模型存在两方面的意义。

一是在理论层面理顺了 AR 画面设计与认知理论之间的因果或相互关系，为后续的规则构建建立了可指导的框架。后续的规则不再孤立地关注语构的单一视角，而是要将语义、语用和语构三方面的融合综合考虑进来。

二是指出 AR 画面设计的基本途径，即从三方面入手：注释设计、场景设计和交互设计。

---

① Y C Chen. A study of comparing the use of augmented reality and physical models in chemistry education[C]. Acm International Conference on Virtual Reality Continuum & Its Applications, 2006：369-372.

② H Kaufmann. Virtual and augmented reality as spatial ability training tools[C]. Acm Sigchi New Zealand Chapters International Conference on Computer-human Interaction：Design Centered Hci, 2006, 158：125-132.

③ M Fjeld, D Hobi, P Juchli. Teaching Electronegativity and Dipole Moment in a TUI[C]. IEEE International Conference on Advanced Learning Technologies, 2004：792-794.

④ Q M Li, Y M Chen, D Y Ma, et al. Design and implementation of a Chinese character teaching system based on augmented reality interaction technology [C]. IEEE International Conference on Computer Science & Automation Engineering, 2011, 2：322-326.

第六章 AR 画面设计之操作模型

AR 画面设计理论模型从理论分析的层面指明了 AR 画面设计需要重点注意的内容以及总体设计思路。然而，对于普通的设计者而言，理论模型仅仅描述了 AR 画面设计的基本逻辑，表达过于模糊和宽泛，并不具备实际的操作意义，因此，有必要在理论模型的基础上构建 AR 画面设计操作模型，以促使设计工作更有实用价值。

第一节 操作模型的构建分析

操作模型的构建需要以理论模型为基础，并且最终以类似于流程图的形式来呈现。操作模型应准确体现不同的 AR 画面设计在三个步骤中分别需要注意的事项，以使得模型更具直观性和可行性。

一、理论模型到操作模型的转换分析

由理论模型向操作模型转换，既要保留理论模型的核心内容，又要将理论模型进行流程化分解，使得转换形成的操作模型在每一个步骤上都能与理论模型建立实质关联。

从流程上来看，操作模型整体上应遵循"画面语义融合→画面语用融合→画面语构融合"的设计逻辑。作为设计的起点，画面语义融合层应充分考虑 A、R 画面要素与教学内容之间的关联，特别是理清什么类型的知识适合做何种设计，进而确定下一步的设计重点应放在设计 A 画面、干预 R 画面还是处理 A 画面和 R 画面的交互上；作为设计的中间环节，画面语用融合层应充分考虑 A、R 画面要素与教学环境之间的关联，包括学习者、教师和媒介/媒体，弄清教学环境中的哪些因素可能会影响到 AR 学习效果；作为设计的终点，画面语构融合层应重点关注 A、R 画面要素之间的匹配问题，包括计划进行何种匹配，选择呈现何种要素，对于需要呈现的要素如何设置其属性等。

二、AR 画面设计类型与教学内容的匹配度分析

为了解各类设计所适合表达的教学内容，本书首先确定了知识的几种类别，然后在此基础上通过专家意见征询的方式进行了总结和归纳。

（一）知识类别的确定

人类的知识丰富多样，存在十余种知识分类方式，例如，按照知识是否可以通过语言符号表述，将知识划分为"显性知识"与"缄默知识"；按照知识的效用可以分为"实用知识""学术知识""消遣知识""精神知识"，以及"不需要的知识"；按照研究对象的性质可以分为"自然科学知识"与"社会科学知识"；按照知识的形态可以分为"主观知识"和"客观

知识"等。[①]多媒体画面语言学中的教学内容，倾向于按照知识的属性进行分类，将其划分为"事实性知识""概念性知识""程序性知识"和"元认知知识"。[②]

安德森对布卢姆的教学目标分类学进行了修订，并对上述四种类型的知识进行了细化。细化方案如表 6-1 所示。

表 6-1　修订版教学目标分类学中的知识分类[③]

知识大类	知识子类	举例
事实性知识	术语知识	如语词、数字、符号、图片等有特定含义的言语和非言语符号
	具体细节和要素的知识	如事件、地点、人物、日期、信息源等方面的知识
概念性知识	分类和类别的知识	如地质时期的周期、商业物权的形式等
	原理和通则的知识	如毕达哥拉斯定律、供给与需求的关系等
	理论、模型和结构的知识	如进化论、国会的结构等
程序性知识	具体学科的技能和算法的知识	如利用水彩笔画图的技能、整数除法等
	具体学科的技术与方法的知识	如访谈技术、探究的方法等
	确定何时使用适当程序的准则知识	如何时应用牛顿第二定律的规则、决定应用特定方法评估商业成本的可行性规则
元认知知识	策略性知识	如通过列提纲把握教科书中学科单元结构的知识
	关于认知任务的知识	如关于教师所采用的特定考试类型的知识
	关于自我的知识	如学习者对自我的评价与认知的知识

（二）专家意见征询过程及结果

利用"问卷星"将所有知识类型呈现出来（见附录 A），邀请专家根据不同设计进行匹配知识的多项选择，通过征询得到了各知识类型的被选择比例，如表 6-2 所示。

表 6-2　不同 AR 画面设计中的知识类型被选比例

注释设计适配知识	被选比例（%）	场景设计适配知识	被选比例（%）	交互设计适配知识	被选比例（%）
具体细节和要素的知识	75	具体细节和要素的知识	68.75	具体细节和要素的知识	68.75

---

① 陈洪澜. 论知识分类的十大方式[J]. 科学学研究, 2007, (01): 26-31.
② 王志军, 王雪. 多媒体画面语言学理论体系的构建研究[J]. 中国电化教育, 2015, (07): 42-48.
③ 吴红耘. 修订的布卢姆目标分类与加涅和安德森学习结果分类的比较[J]. 心理科学, 2009, (04): 994-996.

注释设计适配知识	被选比例（%）	场景设计适配知识	被选比例（%）	交互设计适配知识	被选比例（%）
术语知识	68.75	术语知识	56.25	理论、模型和结构的知识	68.75
理论、模型和结构的知识	68.75	原理和通则的知识	56.25	具体学科技术与方法的知识	68.75
分类和类别的知识	50	确定何时使用适当程序的准则知识	56.25	具体学科技能与算法的知识	62.5
确定何时使用适当程序的准则知识	31.25	分类和类别的知识	50	确定何时使用适当程序的准则知识	62.5
策略性知识	31.25	理论、模型和结构的知识	50	原理和通则的知识	37.5
关于认知任务的知识	25	具体学科技术与方法的知识	43.75	策略性知识	37.5
原理和通则的知识	25	具体学科技能与算法的知识	31.25	关于认知任务的知识	37.5
具体学科技术与方法的知识	18.75	策略性知识	31.25	关于自我的知识	31.25
具体学科技能与算法的知识	6.25	关于认知任务的知识	31.25	术语知识	18.75
关于自我的知识	6.25	关于自我的知识	18.75	分类和类别的知识	6.25

由表 6-2 可得到各类设计适合表达的知识类型（被选比例不低于 50%），内容如下：

注释设计适合表达的知识类型主要有：①具体细节和要素的知识；②术语知识；③理论、模型和结构的知识；④分类和类别的知识。这些知识分属于事实性知识和概念性知识。

场景设计适合表达的知识类型主要有：①具体细节和要素的知识；②术语知识；③原理和通则的知识；④确定何时使用适合程序的准则知识；⑤分类和类别的知识；⑥理论、模型和结构的知识。这些知识分属于事实性知识和概念性知识。

交互设计适合表达的知识类型主要有：①具体细节和要素的知识；②理论、模型和结构的知识；③具体学科的技术与方法的知识；④具体学科的技能和算法的知识；⑤确定何时使用适当程序的准则知识。这些知识分属于事实性知识、概念性知识和程序性知识。

综合上述发现，不难得出如下结论：在若干知识类型中，元认知知识不适合用 AR 画面来呈现，AR 画面的优势体现在对事实性知识、概念性知识和程序性知识的表达上。其中，AR 画面在表现程序性知识时，应当首选交互设计；在表达事实性知识和概念性知识时，应当综合考虑注释设计、场景设计和交互设计。

三、各类 AR 画面设计的影响因素分析

目前，AR 技术在教育领域尚属新生事物，尽管有不少研究已经证明了其应用于教学的有效性，但对于这种有效性是如何引起的，影响 AR 学习效果的影响因素究竟有哪些等问题仅有零星的描述，缺乏系统回答。确定 AR 学习效果的影响因素，并梳理各影响因素之间的关系，有助于使 AR 画面设计模型的构建做到把握重点、有的放矢。

关于影响因素的研究由来已久，所采用的方法也各异。例如，李文等[①]采用了问卷调查和回归分析的方法研究了信息化建设薄弱地区中小学骨干教师信息技术应用能力影响因素；樊雅琴等[②]以结构方程模型为研究工具完成了对微课应用效果影响因素的分析探索。罗玛等[③]认为，教育研究与实践的复杂性决定了其研究往往很难达到绝对的良好，完全依据量化的数据进行取舍，存在忽略重要信息的风险。考虑到 AR 技术尚未在教学实践中实现普及，本书以专家意见征询的方式获取必要信息以确定 AR 学习效果影响因素及各因素的重要性。

关于 AR 学习效果影响因素的研究分为三个阶段：第一阶段通过对 AR 教育应用相关研究的分析，初步确定影响 AR 学习效果的重要因素；第二阶段通过第一轮专家意见征询对初步确定的影响因素进行修改和完善，有效控制 AR 研究的广度；第三阶段通过第二轮专家意见征询确定各影响因素的重要等级，确定各影响因素之间的相互关系，为有效实施 AR 画面设计提供可执行的准确依据。

（一）影响因素的初步确定

AR 技术应用于教学实践，其效果必然会受到来自教学系统四要素（学习者、教师、教学内容、媒体）[④]的影响。"媒体"是 AR 画面设计的关注重点，游泽清[⑤]曾对"媒体"和"媒介"的概念进行了区分和澄清：媒体是教学信息的表现形式，包括文字、声音、图像等；媒介则是存储教学信息载体的物理介质，包括磁盘、光盘等。AR 画面是一种多媒体画面，这里的"多媒体"实际上指的是多种教学信息的表现形式。因此，应当将媒体和媒介区别对待。作为教学信息的综合表现形式，AR 画面作用的发挥离不开教学系统各要素的协同工作。根据研究目的，结合教学系统的四个要素，本书将 AR 学习效果的影响因素划分至教学环境（包括学习者、教师、环境/媒介）、教学内容和资源画面三大维度。

通过对 AR 技术影响学习效果的相关研究进行分析，可以初步得出来自教学环境、教学内容、资源画面的 AR 学习效果影响因素。资源画面维度的影响因素包括画面类型和画面设计，是 AR 画面设计的落脚点，故不将其作为深入研究的对象，而是重点分析对资源画面产生影响的教学内容和教学环境因素，如表 6-3 所示。

① 李文，杜娟，王以宁. 信息化建设薄弱地区中小学骨干教师信息技术应用能力影响因素分析[J]. 中国电化教育，2018, (03)：115-122.
② 樊雅琴，吴磊，孙东梅，等. 微课应用效果的影响因素分析[J]. 现代教育技术，2016, (02)：59-64.
③ 罗玛，王祖浩. 基于 ISM 与 AHP 的学生信息素养影响因素研究[J]. 中国电化教育，2018, (04)：5-11, 28.
④ 何克抗，李文光. 教育技术学（第 2 版）[M]. 北京：北京师范大学出版社，2009.
⑤ 游泽清，卢铁军. 谈谈"多媒体"概念运用中的两个误区[J]. 电化教育研究，2005, (06)：5-8.

表 6-3 初步确定的 AR 学习效果影响因素（教学环境、教学内容维度）

一级维度	二级维度	影响因素
教学环境	学习者	年龄、性别、学习风格、空间能力、知识水平、技能水平
	教师	教学方法、操作技能
	媒介/环境	学习场所、呈现设备类型（桌面显示器、手持设备、投影、头戴式显示器）呈现设备屏幕尺寸、呈现设备可移动性、呈现设备可交互性、呈现设备响应速度
教学内容		知识类型、知识难度

（二）影响因素的修改与完善

由于研究者经验水平有限，通过文献分析初步确定的 AR 学习效果影响因素可能存在不正确或不完善之处。因此，本书采用两轮专家意见征询来对影响因素的内容及其重要性做出合理说明。具体来说，第一轮专家意见征询用于对影响因素进行修改与完善。

1. 专家意见征询的过程

前文已经依据 AR 学习体验将 AR 画面划分为三种类型，为使研究更有针对性，在进行第一轮专家意见征询时，首先利用"问卷星"介绍了 AR 画面的三种类别以及初步确定的 AR 学习效果影响因素，然后邀请专家对三个问题提出指导意见（可对初步确定的影响因素进行增、删、改操作）：①您认为真实世界注释 AR 画面在提升学习效果方面的影响因素有哪些？②您认为语境可视化 AR 画面在提升学习效果方面的影响因素有哪些？③您认为具身交互 AR 画面在提升学习效果方面的影响因素有哪些？由此，形成一份专家意见征询问卷（见附录 A）。

2. 专家意见征询的结果

第一轮意见征询结束后，对所有专家的反馈意见进行了汇总，剔除一些重复的信息，再进一步概括、梳理与归类，大致提出了对 AR 学习效果影响因素的修改方案，其中，"新增"指专家反馈后增加的因素，如表 6-4 所示。

具体到三种不同类型的 AR 画面，调查发现专家对影响因素的观点各异。有的专家认为表 6-4 所示的影响因素对三类 AR 画面都很重要，而有的专家则认为不同类别 AR 画面的影响因素应当存在区别。

表 6-4 修改后的 AR 学习效果影响因素（教学环境、教学内容维度）

一级维度	二级维度	影响因素
教学环境	学习者	年龄、性别、学习风格、空间能力、知识水平、技能水平、兴趣爱好（新增）、专业背景（新增）、认知和情绪状态（新增）、AR 使用经验与熟悉度（新增）
	教师	教学方法、操作技能、信息素养（新增）、学科背景（新增）、年龄（新增）、教龄（新增）、态度（新增）

一级维度	二级维度	影响因素
教学环境	媒介/环境	学习场所、呈现设备类型（桌面显示器、手持设备、投影、头戴式显示器）、呈现设备屏幕尺寸、呈现设备可移动性、呈现设备可交互性、呈现设备响应速度、呈现设备与其他设备的兼容性与匹配性（新增）、设备操作的难易程度及复杂性（新增）、设备的容错性及稳定性（新增）
教学内容		知识类型、知识难度

（三）影响因素的重要性评定

为了针对性地提取出影响各类 AR 画面的关键因素，进行了第二轮专家意见征询，旨在对各影响因素的重要性进行评定。

1. 专家意见征询的过程

表 6-4 已经根据第一轮专家意见征询的结果得出了在教学环境和教学内容两个维度中 AR 学习效果的影响因素。在第二轮专家意见征询中，本书设计了新的专家意见征询问卷（见附录 A），邀请专家对不同类别 AR 画面学习效果影响因素依次打分。打分依据为该因素对学习效果影响的重要性，分值范围为 1-5 分，分值越高，表示该因素影响力越大。本轮专家意见征询共得到 16 位专家的反馈意见。

2. 专家意见征询的结果

关于各类 AR 画面设计影响因素重要性的评定结果如表 6-5 所示。

表 6-5 各类 AR 画面设计的影响因素重要性排序

注释设计的影响因素	评分	场景设计的影响因素	评分	交互设计的影响因素	评分
教师对 AR 的态度	4.13	教师对 AR 的态度	4.19	知识类型	4.25
学习者对 AR 的使用经验与熟悉度	4	知识难度	4.13	教师对 AR 的态度	4.25
教师操作技能	3.94	知识类型	4.06	呈现设备可交互性	4.25
呈现设备可交互性	3.81	呈现设备可交互性	4.06	知识难度	4.19
设备操作的难易程度及复杂性	3.81	学习者对 AR 的使用经验与熟悉度	3.88	学习者空间能力	4.13
学习者知识水平	3.75	教师操作技能	3.81	学习者对 AR 的使用经验与熟悉度	4.06
知识类型	3.69	呈现设备可移动性	3.81	呈现设备可移动性	4.06
教师信息素养	3.69	教师信息素养	3.75	教师操作技能	3.94
学习场所	3.69	设备操作的难易程度及复杂性	3.75	呈现设备屏幕尺寸	3.94

续表

注释设计的影响因素	评分	场景设计的影响因素	评分	交互设计的影响因素	评分
学习者空间能力	3.63	学习者认知和情绪状态	3.69	设备操作的难易程度及复杂性	3.94
呈现设备可移动性	3.63	教师学科背景	3.69	学习者技能水平	3.88
教师教学方法	3.56	学习场所	3.69	学习者知识水平	3.81
呈现设备屏幕尺寸	3.56	呈现设备响应速度	3.69	教师信息素养	3.81
设备的容错及稳定性	3.56	呈现设备与其他设备的兼容性与匹配性	3.69	教师学科背景	3.81
知识难度	3.5	呈现设备类型	3.63	学习场所	3.81
教师学科背景	3.5	学习者知识水平	3.56	呈现设备响应速度	3.81
呈现设备响应速度	3.5	设备的容错及稳定性	3.56	呈现设备与其他设备的兼容性与匹配性	3.81
呈现设备类型	3.44	学习者技能水平	3.5	设备的容错及稳定性	3.81
学习者认知和情绪状态	3.38	学习者兴趣爱好	3.44	学习者年龄	3.69
呈现设备与其他设备的兼容性与匹配性	3.38	呈现设备屏幕尺寸	3.44	学习者学习风格	3.69
学习者学习风格	3.31	学习者空间能力	3.38	呈现设备类型	3.69
学习者技能水平	3.31	学习者专业背景	3.38	学习者兴趣爱好	3.63
学习者兴趣爱好	3.25	教师教学方法	3.38	学习者认知和情绪状态	3.63
教师年龄	3.19	学习者学习风格	3.31	教师教学方法	3.63
教师教龄	3.19	教师教龄	3.31	学习者专业背景	3.38
学习者年龄	3	学习者年龄	3.25	教师年龄	3.31
学习者专业背景	2.88	教师年龄	3.25	教师教龄	3.31
学习者性别	2.31	学习者性别	2.44	学习者性别	2.75

由表6-5可得到各类设计的重要影响因素，排序前15位的因素，具体分类如下：

在注释设计中，影响AR学习效果的重要影响因素包括：教师对AR的态度、学习者对AR的使用经验与熟悉度、教师操作技能、呈现设备可交互性、设备操作的难易程度及复杂性、学习者知识水平、知识类型、教师信息素养、学习场所、学习者空间能力、呈现设备可移动性、教师教学方法、呈现设备屏幕尺寸、设备的容错及稳定性、知识难度。这些影响因素按维度划分分属于教师维度、学习者维度、媒介/环境维度、教学内容维度，可见对于该类型画面的设计需要在对四个维度进行充分分析的基础上进行。

在场景设计中,影响 AR 学习效果的重要影响因素包括:教师对 AR 的态度、知识难度、知识类型、呈现设备可交互性、学习者对 AR 的使用经验与熟悉度、教师操作技能、呈现设备的可移动性、教师信息素养、设备操作的难易程度及复杂性、学习者的认知和情绪状态、教师学科背景、学习场所、呈现设备响应速度、呈现设备与其他设备的兼容性与匹配性、呈现设备的类型。这些影响因素按维度划分分属于教师维度、教学内容维度、学习者维度、媒介/环境维度,可见对于该类型画面的设计需要在对四个维度进行充分分析的基础上进行。

在交互设计中,影响 AR 学习效果的重要影响因素包括:知识类型、教师对 AR 的态度、呈现设备的可交互性、知识难度、学习者空间能力、学习者对 AR 的使用经验与熟悉度、呈现设备的可移动性、教师操作技能、呈现设备屏幕尺寸、设备操作的难易程度及复杂性、学习者技能水平、学习者知识水平、教师信息素养、教师学科背景、学习场所。这些影响因素按维度划分分属于教师维度、教学内容维度、学习者维度、媒介/环境维度,可见对于该类型画面的设计需要在对四个维度进行充分分析的基础上进行。

在以上三类 AR 画面的学习效果影响因素中,教师对 AR 的态度、学习者对 AR 的使用经验与熟悉度、教师操作技能、设备操作的难易程度及复杂性等都居于重要地位,这与 AR 技术尚未在教育实践中得到大规模普及有关。同时,也反映出 AR 画面设计是一项复杂的工程,需要从多角度、多层次进行努力。

四、AR 画面的基本要素及属性分析

如前所述,AR 画面设计的最终落脚点是画面语构融合设计,即 AR 画面设计最终要落实到要素选择和属性设置两个环节,这也直接决定了关联匹配的效果。因此,有必要对 AR 画面的构成要素及其属性进行详细分析。

关于 AR 画面的基本要素,Cheng 等[1]认为,无论何种 AR,在完成识别过程后,都将向用户显示的物理元素添加增强资产,包括文字、声音、视频、3D 模型等。Diaz[2]等则将 AR 应用中的内容划分为两大类别:静态和动态。其中,静态内容是指在用户交互过程中外观不会发生改变的文本、视觉线索或 3D 模型;动态内容则会随时间发生变化并产生运动流,如动画或视频。

上述两位学者的观点具有一定的合理性,但他们都忽视了 AR 画面的一个重要特征——虚实融合。根据前文对 AR 画面概念的界定,AR 画面应当是由 A 画面叠加于 R 画面而形成的,因此 AR 画面的基本要素需要从 A 画面和 R 画面各自的组成及其相互关联来进行分析。

(一) A 画面(增强画面)的基本要素及属性

A 画面是 AR 画面中起增强作用的虚拟画面,实质上是一种虚实分离的传统多媒体画面。3D 模型、文本、静态图(图片、静止图像)、动态像(动画、视频)等媒体符号是 AR 画面的构成要素,但更准确地说,它们应当被视为 A 画面的基本元素。通过对这些要素的分析,可以发现,A 画面中涵盖了传统多媒体画面中的所有媒体符号,即:图—图片、静止图像;文—文本;声—声音;像—动画、视频;交—交互。

① Kun-Hung Cheng, Chin-Chung Tsai. Affordances of Augmented Reality in Science Learning: Suggestions for Future Research[J]. Journal of Science education and Technology, 2013, (22): 449-462.

② C Diaz, M Hincapié, G Moreno. How the type of content in educative augmented reality application affects the learning experience[J]. Procedia Computer Science, 2015, 75: 205-212.

对于 3D 模型来说,在多媒体画面的五大媒体要素中,似乎很难将其归到某一特定类别,原因是:当 3D 模型刚刚呈现时,其处于静止状态,属于图的范畴。但不同于普通的静态图,3D 模型还可以自动播放或被学习者操控并发生外观上的改变,此时该模型又属于像的范畴,而且是一种包含了交的像。究竟应该将 3D 模型视为静态还是动态内容呢?本书认为,3D 模型可同时从属于图或像,静态的 3D 模型可视为三维图,而动态的 3D 模型则可视为三维动画,具体的设计应遵循学习需要而进行。①

A 画面中各基本要素的属性如表 6-6 所示。

表 6-6　A 画面中各基本要素属性

要素类型	属性	数据范围
图	类型	位图、矢量图
	格式	JPEG、BMP、GIF、PNG、CDR、AI、WMF、EPS、FBX、OBJ 等
	色相	−180~180
	饱和度	−100~100
	明度	−100~100
	亮度	−150~150
	对比度	−50~100
	透明度	0%~100%或 0~1
	CMYK 颜色模式	C、M、Y、K（0%~100%）
	RGB 颜色模式	R、G、B（0~255）
	维度	0 维图（点）、1 维图（线）、2 维图（面）、3 维图（体）、全景图
	位置	x（横）: -∞ ~ +∞；y（纵）: -∞ ~ +∞；z（深）: -∞ ~ +∞
	大小	长：0~30 万像素；宽：0~30 万像素；高：0~30 万像素
	缩放	长：0~50 倍；宽：0~50 倍；高：0~50 倍
	旋转	沿 x 中轴：0°~360°；沿 y 中轴：0°~360°；沿 z 中轴：0°~360°
	脱卡模式	脱卡、不脱卡
	识别丢失模式	AR 场景模式、陀螺仪模式、屏幕中心模式
	分辨率	640×480、800×600 等
	材质	标准材质、复合材质
	贴图	位图贴图、平铺贴图、噪波贴图、混合贴图等
文	类型	短文本、长文本
	字体	宋体、黑体、楷体等
	字形	常规、倾斜、加粗、倾斜加粗
	字号	5~72

① 王志军, 刘潇. 促进学习情境转化的增强现实学习资源设计研究[J]. 中国电化教育, 2019, (06): 114-122.

要素类型	属性	数据范围
文	前景色	R、G、B（0～255）
	背景色	R、G、B（0～255）
	前景色透明度	0%～100%或 0～1
	背景透明度	0%～100%或 0～1
	底纹	有、无
	着重号	有、无
	字符间距	标准、加宽、紧缩
	对齐方式	左对齐、居中对齐、右对齐、两端对齐、分散对齐
	下划线	有、无
	行间距	0.25～3 行（一般）
	位置	x（横）：$-\infty \sim +\infty$；y（纵）：$-\infty \sim +\infty$；z（深）：$-\infty \sim +\infty$
	旋转	沿 x 中轴：0°～360°；沿 y 中轴：0°～360°；沿 z 中轴：0°～360°
	缩放	0～50 倍
	脱卡模式	脱卡、不脱卡
声	采样频率	11.025kHz、22.05kHz、44.1kHz、48kHz 等
	量化位数	8 位、16 位
	常见格式	WAV、MP3、WMA、MIDI 等
	解说	有、无
	背景音乐	有、无
	音响	有、无
	交互控制	有、无
	音量	0%～100%
	声源位置	x（横）：$-\infty \sim +\infty$；y（纵）：$-\infty \sim +\infty$；z（深）：$-\infty \sim +\infty$
	脱卡模式	脱卡、不脱卡
像	类型	视频、动画
	帧速率	8fps～100fps
	维度	2 维像、3 维像
	交互控制	有、无
	同步声音	有、无
	字幕	有、无
	大小	长：0～30 万像素；宽：0～30 万像素；高：0～30 万像素
	缩放	0～50 倍

要素类型	属性	数据范围
像	位置	x（横）：-∞～+∞；y（纵）：-∞～+∞；z（深）：-∞～+∞
	旋转	沿 x 中轴：0°～360°；沿 y 中轴：0°～360°；沿 z 中轴：0°～360°
	格式	MPEG-4、AVI、WMV、RM、MOV、FIV、SWF、FBX、OBJ 等
	分辨率	320×240，640×480，720×576，1280×720 等
	持续时间	0～2h
	动效选择	匀速、N 次缓动、正弦缓动、圆形缓动、指数缓动、回弹缓动等
	播放模式	全屏、叠加、透明通道叠加
	脱卡模式	脱卡、不脱卡
交	类型	导航、超链接、按钮、自然交互等
	层级数	0～3（一般）
	防错功能	有、无
	结构	线型、树型、网型等
	自然交互类型	手势交互、语音交互、视线跟踪交互等
	手势类别	单击、双击、拖动、滑动、手指轻扫、双指张开、双指闭合、长按等
	手势线索	有、无
	位置	x（横）：-∞～+∞；y（纵）：-∞～+∞；z（深）：-∞～+∞
	区域大小比例	长：0%～100%；宽：0%～100%；高：0%～100%
	区域颜色	R、G、B（0～255）

（二）R 画面（现实画面）的基本要素及属性

R 画面是通过对现实世界的摄取而得到的画面，是周围现实场景在屏幕中的真实反映。R 画面的一个重要特征是可以随着摄取到的真实场景的变化而发生同步变化。这种变化和 A 画面中像的变化存在差别：A 画面中的像主要指动画和视频，其变化产生于二维平面当中，且可以被预先设计；R 画面的变化则属于三维空间的动态变化，相对于二维平面的变化更为复杂。同理，当摄取到的真实场景没有发生变化时，也不能简单地将 R 画面视为"图片""图像"等静态画面。

因此，R 画面既不是动画也不是视频，既不是图片也不是图像。很难对 R 画面的构成要素进行确切地描述，也就是说，R 画面的基本元素具有不确定性，它们不是静态预设的，而是动态生成的，需要结合具体的、实时的情境进行分析。但无论由摄像头摄入的内容是什么，R 画面中的元素都可分为场、景和交三大类。

"景"是指 R 画面（由取景框摄入的现实世界）中的学习对象及其关联客观存在物，是一种叠加的景，是由取景框对真实的景进行选取和运动后产生的结果。

"场"是指 R 画面中各类景之间的相互影响与相互作用。事实上，学习者的个别差异性体现在对场而非景的理解。

除此之外，当用于呈现 R 画面的屏幕角度发生变化，或是由学习者直接对实物进行操纵时，R 画面的组接功能得以实现，可将其视为 R 画面中的"交"。[①]

R 画面中各基本要素的属性如表 6-7 所示。

表 6-7 R 画面中各基本要素属性

元素类型	属性	数据范围
景	类别	图、实物、空间等
	内容	景观、建筑、道具、人物等
	（叠加景）空间分类	内景、外景
	（叠加景）空间构成	单一空间、纵向多层次空间、横向排列空间、垂直组合空间、综合式组合空间等
	（叠加景）景别	特写、近景、中景、远景、全景
	（叠加景）运动方式	按是否运动：静止、运动 按运动轨迹：直线、曲线 按运动速度：匀速、变速
场	类别	直接联系/间接联系；主要联系/次要联系；内部联系/外部联系；本质联系/非本质联系；必然联系/偶然联系等
	强度（景之间相关程度）	弱联系、强联系
	性质（与认知图式的相容性）	与任何图式不相容；与空间图式相容；与容器图式相容；与运动图式相容；与平衡图式相容；与力图式相容等
交	类型	操纵镜头（推、拉、摇、移、升、降、跟）、操纵实物（或图片）、操纵镜头+操纵实物（或图片）

（三）A、R 画面的关联要素及属性

A、R 画面并不是 A 画面和 R 画面的简单叠加（类似于"复制""粘贴"的操作），而是应当能在 A 画面叠加于 R 画面之后形成两种画面均不具备的新质。因此，必须考虑 A 画面和 R 画面之间的关联，并将其作为 A、R 画面的一个重要元素。

A、R 画面之间关联要素所包含的属性来自概念整合理论的启示。根据 Fauconnier 等[②]提出的输入空间之间的关联，本书将 A、R 画面的关联要素属性设计为时间关联、空间关联、内容关联和动态关联，如表 6-8 所示。

其中，时间关联表示 A、R 画面呈现的先后顺序；空间关联表示 A 画面和 R 画面中景的相对位置；内容关联表示 A、R 画面所表达知识的相关性；动态关联表示 A 画面和 R 画面在动/静方面的相对状态。值得注意的是，以上四种关联属性是相互影响、相互制约的，

---

① 王志军，刘潇. 促进学习情境转化的增强现实学习资源设计研究[J]. 中国电化教育，2019，(06)：114-122.
② G Fauconnier, M Turner. The way we think：Conceptual blending and the mind's hidden complexities[M]. New York, EUA Basic Books, 2002.

在设计 A、R 画面时，需要综合考虑这四类关联。

表 6-8 A 画面和 R 画面的关联要素属性

要素类型	属性	数据范围
关联	时间关联	即时显示/隐藏、延时显示/隐藏、控制显示/隐藏、循环显示/隐藏、随机显示/隐藏
	空间关联	相互重叠：x（横坐标）重叠；y（纵坐标）重叠；z（深度坐标）重叠
		彼此邻近：x（横坐标）邻近；y（纵坐标）邻近；z（深度坐标）邻近
		彼此远离：x（横坐标）远离；y（纵坐标）远离；z（深度坐标）远离
	内容关联	无关联、从属关联、并列关联、因果关联……
	动态关联	R 静 A 静 R 静 A 动（由 A 画面媒体的自动播放引起） R 静 A 动（由 A 画面的交互引起） R 动 A 静 R 动 A 动（由 R 画面的变化引起 A 画面随动） R 动 A 动（由 R 画面的变化和 A 画面的交互引起）

第二节 操作模型的结构与内容

一、操作模型的结构

（一）设计起点

对教学内容的分析应当作为 AR 画面设计首要关注的问题。AR 画面的重要功能在于以形表义，将义作为设计的基点有助于为教学内容选择合理的媒体匹配形式。通常，研究者在设计 AR 画面时，是以学科作为教学内容分析起点的，但事实上，学科是一个较为宽泛的概念，并不能代替教学内容本身。同样的学科可以包含不同的知识点，而同类型的知识点也可能在不同的学科中出现。因此，本书所关注的教学内容更侧重其微观层面的表达，即将教学内容分解为若干个知识点，依据知识点本身的类型确定下一步的设计方向。

（二）设计分支

由表 6-2 可知，AR 画面设计的三种类别分别与不同的知识类型相匹配。根据设计起点阶段对知识点的分析，可以将知识点归属于一个或多个知识类型集，进而形成图像中的分支结构（由菱形框和流程线表示）：知识类型集 1、2、3 分别包含注释设计、场景设计和交互设计所适合的知识类型。设计者可以根据需要选择相关分支进行重点设计。

（三）设计终点

无论是采用注释设计、场景设计还是交互设计，其设计终点都是形成一个完整的 AR 画面。值得注意的是，上述三类设计各自具有独立性，但并非相互排斥。一个成熟的 AR 画面可以包含一类或是多类设计，因此在具体的设计过程中，也要考虑不同设计类别之间的关系。

本书总结了一个 AR 画面设计操作模型，如图 6-1 所示。该模型将对教学内容的分析作为设计的起点，结合三类设计（注释设计、场景设计、交互设计）和三大步骤（关联匹配、要素选择、属性设置）形成三种设计的分支结构，每个分支遵循相似的设计流程，但在具体的设计内容方面又各具特色。

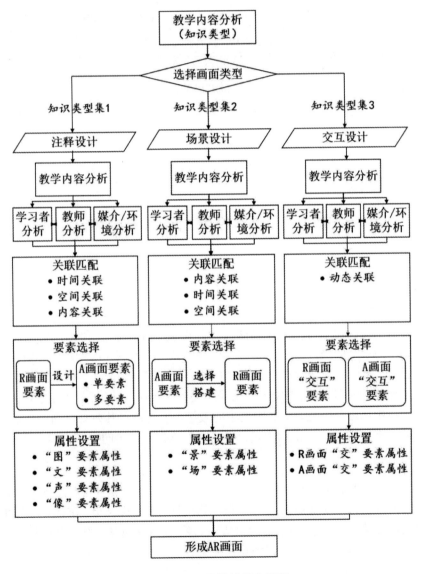

图 6-1　AR 画面设计操作模型

二、操作模型的内容

（一）因素分析环节

根据前文中对各类 AR 画面设计影响因素的分析，注释设计、场景设计和交互设计均需首先对教学内容和教学环境进行详细分析，重点包括知识难度、学习者因素、教师因素和媒介/环境因素。具体内容可参照表 6-5。

（二）关联匹配环节

关联匹配是 AR 画面设计的核心，A 画面与 R 画面能否实现有效融合取决于各画面要素是否建立了科学、合理的关联。本书将关联匹配作为 AR 画面语构融合设计的起始步骤，后续的要素选择与属性设置均需紧密围绕关联匹配而展开。

关联匹配的内容来自概念整合理论的启示，实际上是指 A、R 画面的关联要素。Fauconnier[1]等认为，不同的输入空间主要是通过时间、空间、表征、变化建立关联。由此可以将 A、R 画面的关联要素属性设计为时间关联、空间关联、内容关联和动态关联。

由于注释设计和场景设计仅关注在某一特定时间点，学习者所看到的画面，因此在这两类设计中，关联匹配主要涉及时间关联、空间关联和内容关联。交互设计强调学习者能动性的发挥，学习者对于画面的任何操作都有可能造成 AR 画面的变化，实现 AR 画面的组接，因此，动态关联应当是交互设计在关联匹配环节需要重点关注的内容。

（三）要素选择环节

要素选择中的"要素"包含 A 画面中各媒体要素和 R 画面的基本要素。不同的要素适合表征的内容存在差异，合适的要素选取对于 AR 画面功能的发挥具有十分重要的影响。具体来说，要素的选择需要考虑三方面内容：①哪些要素适合表达当前教学内容；②哪些要素更符合学习者的认知特点和经验水平；③A、R 画面中的哪些要素更易于实现匹配。

AR 画面设计需选择合适的元素来实现关联匹配的目的。注释设计中，A 画面的要素需根据 R 画面的当前要素来进行选择，既可选择单要素，也可选择多种要素的组合；场景设计中，需根据 A 画面的要素，对 R 画面中的要素进行适当的选择和干预；交互设计中，需根据实际需要，选择适用于 R 画面和 A 画面的不同交互方式。关于 AR 画面的基本要素，已在第六章第一节第四部分 "AR 画面的基本元素及属性分析" 中详细说明。

（四）属性设置环节

选择好合适的要素，下一步就要对要素的属性进行设置。不同的要素属性有所不同，但均对 AR 画面功能的发挥产生着影响。大量的研究已经证明了属性设置对于画面设计的重要意义，这些属性包括文本的字号、画面的色彩等。具体来说，属性的设置需要考虑两方面内容：①哪些属性对当前选定的要素影响最大；②如何设置要素的属性值可以使学习者形成亮点新质。

AR 画面中的基本要素需以特定的形态呈现出来，这有赖于各画面要素的属性设置。其中，注释设计强调对图、文、声、像等要素的属性进行设置；场景设计强调对景和场等要素

① G Fauconnier, M Turner. The way we think: Conceptual blending and the mind's hidden complexities[M]. New York, EUA Basic Books, 2002.

的属性进行干预；交互设计强调对 A、R 画面中交要素的属性进行设置。关于 AR 画面中基本要素的属性，已在第六章第一节第四部分"AR 画面的基本元素及属性分析"中详细说明。

第三节 操作模型的特点与意义

一、操作模型的特点

与理论模型不同，操作模型不再关注 AR 画面设计各个层面，即语义融合、语用融合、语构融合之间的理论关联，而更加强调指导具体设计的实用性。图 6-1 所示的 AR 画面设计操作模型整体呈现流程图形式，在关键分支和步骤节点都指明了需要重点关注的内容。总体而言，AR 画面设计操作模型具有较强的实用性和可操作性。

二、操作模型的意义

本书构建的 AR 画面设计操作模型存在两方面的意义：

一是在操作层面为设计者搭建了理论与实践的桥梁，使得理论分析更加"落地"，从而为设计者的实践活动提供有价值的参考。

二是为下一步的命题推理以及模型的多维验证奠定基础，保证操作模型建立在科学研究的基础之上，并为 AR 画面设计策略的提炼提供依据。

第四节 操作模型的核心命题

AR 画面设计的研究内容较为丰富，研究体系较为庞大。基于现实因素的考量，本书尝试由 AR 画面设计操作模型推衍出关于注释设计、场景设计和交互设计的核心命题，为后续的多维验证奠定基础，以期解决 AR 画面设计的关键问题。

一、关于注释设计的核心命题

注释设计强调根据 R 画面选择、设计 A 画面的构成要素并进行属性设置，其核心命题的提出应充分考虑 A、R 画面之间的时间关联、空间关联和内容关联。

（一）关于 A 画面要素选择的相关命题

● 命题 1：（内容关联）A 画面中"图"/"像""文"要素注释的不同方式（图/像、文、图/像+文）对 AR 学习效果的影响存在显著差异。

● 命题 2：（内容关联）A 画面中"图"/"像""文"要素注释的不同方式（图/像、文、图/像+文）与知识难度（低知识难度、高知识难度）的不同组合对 AR 学习效果的影响存在显著差异。

● 命题 3：（内容关联）A 画面中"图"/"像""文"要素注释的不同方式（图/像、文、图/像+文）与学习者学习风格（场依存型、场独立型）的不同组合对 AR 学习效果的影响存在显著差异。

● 命题 4：（内容关联）A 画面中"图"/"像""文"要素注释的不同方式（图/像、文、图/像+文）与学习者学习风格（表象型、言语型）的不同组合对 AR 学习效果的影响存在显著差异。

● 命题 5：（内容关联）A 画面中"图"/"像""文"要素注释的不同方式（图/像、文、图/像+文）与学习者学习风格（整体型、分析型）的不同组合对 AR 学习效果的影响存在显著差异。

● 命题 6：（内容关联）A 画面中"文""声"要素注释的不同方式（文、声、图/像+文、图/像+声、图/像+文+声）对 AR 学习效果的影响存在显著差异。

● 命题 7：（内容关联）A 画面中"文""声"要素注释的不同方式（文、声、图/像+文、图/像+声、图/像+文+声）与学习者学习风格（场依存型、场独立型）的不同组合对 AR 学习效果的影响存在显著差异。

● 命题 8：（内容关联）A 画面中"文""声"要素注释的不同方式（文、声、图/像+文、图/像+声、图/像+文+声）与学习者学习风格（视觉型、听觉型）的不同组合对 AR 学习效果的影响存在显著差异。

● 命题 9：（内容关联）A 画面中"图""像"要素注释的不同方式（图、像）对 AR 学习效果的影响存在显著差异。

（二）关于 A 画面要素属性设置的相关命题

● 命题 10：（空间关联、内容关联）（"维度"属性）A 画面中图要素的"维度"（二维图片、三维模型）与学习者空间能力（低空间能力、高空间能力）的不同组合对 AR 学习效果的影响存在显著差异。

● 命题 11：（空间关联）（"缩放"属性）A 画面中 3D 模型尺寸占屏幕大小的百分比（约 10%、约 20%、约 30%、约 40%、约 50%）与呈现设备（智能手机、平板电脑）的不同组合对 AR 学习效果的影响存在显著差异。

● 命题 12：（空间关联）（"旋转"属性）A 画面中 3D 模型初始呈现角度（与 z 轴呈 0°、与 z 轴呈 30°、与 z 轴呈 45°、与 z 轴呈 60°、与 z 轴呈 90°）与呈现设备可移动性（移动设备、固定设备）的不同组合对 AR 学习效果的影响存在显著差异。

● 命题 13：（空间关联、时间关联）（"识别丢失模式"属性）A 画面中图要素的"识别丢失模式"（AR 场景模式、陀螺仪模式、屏幕中心模式）与"维度"（2D 图片、3D 模型）的不同组合对 AR 学习效果的影响存在显著差异。

● 命题 14：（空间关联）（"位置"属性）A 画面中"文"要素的呈现位置（邻近位置、随机位置、固定位置）与呈现设备（智能手机、平板电脑）的不同组合对 AR 学习效果的影响存在显著差异。

● 命题 15：（内容关联）（"背景音乐"属性）A 画面中"声"要素的"背景音乐"（有背景音乐、无背景音乐）、"解说"（有解说、无解说）、"音响效果"（有音响效果、无音响效果）的不同组合对 AR 学习效果的影响存在显著差异。

● 命题 16：（时间关联）（"交互控制"属性）A 画面中"像"要素的"交互控制"（有、无）与学习者年龄段（小学生、中学生、大学生）的不同组合对 AR 学习效果的影响存在显著差异。

二、关于场景设计的核心命题

场景设计强调根据 A 画面选择、搭建 R 画面的构成要素并进行属性设置，其核心命题的提出应充分考虑 A、R 画面之间的内容关联、时间关联和空间关联。

（一）关于 R 画面要素选择的相关命题

● 命题 17：（内容关联）R 画面中"景"要素表达内容与 A 画面关联的类型（无关联、从属关联、并列关联、因果关联）对 AR 学习效果的影响存在显著差异。

（二）关于 R 画面要素属性设置的相关命题

● 命题 18：（空间关联）R 画面中叠加景的"景别"属性（特写、近景、中景、远景、全景）对 AR 学习效果的影响存在显著差异。

● 命题 19：（空间关联）R 画面中"场"要素的"性质"属性（与任何图式不相容、与空间图式相容、与容器图式相容、与运动图式相容、与平衡图式相容、与力图式相容）对 AR 学习效果的影响存在显著差异。

三、关于交互设计的核心命题

交互设计强调通过选择、设置 R 画面的交互要素或 A 画面的交互要素实现 AR 画面的组接功能，其核心命题的提出应充分考虑 A、R 画面之间的动态关联。

（一）关于 AR 画面"交互"要素选择的相关命题

● 命题 20：（动态关联）R 画面中"交"要素的有无（无交互、有交互）与 A 画面中"交"要素的有无（无交互、有交互）的不同组合对 AR 学习效果的影响存在显著差异。

（二）关于 AR 画面"交互"要素属性设置的相关命题

● 命题 21：（动态关联）R 画面中"交"要素的"类型"属性（操纵镜头、操纵实物、操纵镜头+操纵实物）对 AR 学习效果的影响存在显著差异。

● 命题 22：（动态关联）A 画面中"交"要素的"类型"属性中"自然交互"的有无（无自然交互——键鼠交互、有自然交互——触屏交互）与学习者年龄段（学龄前儿童、小学生、中学生、大学生）对 AR 学习效果的影响存在显著差异。

● 命题 23：（动态关联）A 画面中"交"要素的"类型"属性（自然交互）与呈现设备（智能手机、平板电脑）的不同组合对 AR 学习效果的影响存在显著差异。

● 命题 24：（动态关联）A 画面中"交"要素的"手势类别"属性（单击、双击、拖动、滑动、手指轻扫、双指张开、双指闭合、长按、摇晃）与知识类型（陈述性知识、程序性知识）的不同组合对 AR 学习效果的影响存在显著差异。

● 命题 25：（动态关联）A 画面中"交"要素的"手势线索"属性（无线索、有线索）与学习者空间能力（低空间能力、高空间能力）的不同组合对 AR 学习效果的影响存在显著差异。

第七章 AR 画面设计之模型验证

由 AR 画面设计操作模型推演出的核心命题，只有在得到多维验证后才能形成相应的 AR 画面设计策略。考虑到现实需要，本书首先要解决的是 AR 画面设计中的基础问题，因此仅对其中部分 AR 设计者关注的焦点命题进行验证，其余命题的验证将在后续章节中进行。具体来讲，本章在实验研究部分所要验证的命题有命题 8、命题 10、命题 14 和命题 20，在访谈研究和内容分析部分将根据访谈和分析结果来判断哪些命题可以成立。

第一节 基于实验研究的模型验证

所设计的实验用于对通过 AR 画面设计操作模型推理得出的命题进行验证，为模型的科学性评估提供数据支撑。

本节将重点针对命题 8、命题 10、命题 14 和命题 20 进行实证验证。在接下来的具体实验中，将以"实验假设"来指代这些命题，并以"hypothesis"（假设）的首字母"H"为实验假设进行标注。

一、实验研究整体设计

（一）实验假设与实验项目

1. 实验假设

根据命题 8、命题 10、命题 14 和命题 20 的表述，可得出如下实验假设（实验假设对相关命题进行了部分节选）。

H1：A 画面中"文""声"要素注释的不同方式（文、声、文+声）与学习者学习风格（听觉型、视觉型）的不同组合对 AR 学习效果的影响存在显著差异。

H2：A 画面中"图"要素的"维度"（2D 图片、3D 模型）与学习者空间能力（低空间能力、高空间能力）的不同组合对 AR 学习效果的影响存在显著差异。

H3：A 画面中"文"要素的呈现位置（邻近位置、随机位置、固定位置）与呈现设备（智能手机、平板电脑）的不同组合对 AR 学习效果的影响存在显著差异。

H4：R 画面中"交"要素的有无（无交互、有交互）与 A 画面中"交"要素的有无（无交互、有交互）的不同组合对 AR 学习效果的影响存在显著差异。

2. 实验项目

根据上述四个实验假设，可以提出四个实验项目，如表 7-1 所示。

表 7-1　实验项目及因素水平

实验项目	实验名称	因素水平
实验 1	A 画面中"文""声"要素注释与学习者学习风格对 AR 学习效果的影响研究	1.文，听觉型 2.文，视觉型 3.声，听觉型 4.声，视觉型 5.文+声，听觉型 6.文+声，视觉型
实验 2	A 画面中"图"要素的"维度"与学习者空间能力对 AR 学习效果的影响研究	1.2D 图片，低空间能力 2.2D 图片，高空间能力 3.3D 模型，低空间能力 4.3D 模型，高空间能力
实验 3	A 画面中"文"要素的呈现位置与呈现设备对 AR 学习效果的影响研究	1.邻近位置，智能手机 2.邻近位置，平板电脑 3.随机位置，智能手机 4.随机位置，平板电脑 5.固定位置，智能手机 6.固定位置，平板电脑
实验 4	R 画面中"交"要素有无与 A 画面中"交"要素有无对 AR 学习效果的影响研究	1.R 无交互，A 无交互 2.R 无交互，A 有交互 3.R 有交互，A 无交互 4.R 有交互，A 有交互

（二）实验材料

实验研究所需的实验材料主要包括被试基本信息问卷、AR 学习材料和学习效果测试材料三大类。其中，AR 学习材料需要针对具体的实验进行设计；学习效果测试材料则包括知识测试卷（前测、后测）、认知负荷自评量表、学习动机自评量表。关于学习效果测试材料的设计，将在"测量方法与测量工具"部分说明，这里不再赘述。AR 学习材料因具体实验而异，详细内容将在各实验中加以说明。除此之外，实验材料还包括学习风格测量问卷、空间能力测量问卷等，将在具体实验中进行说明。

（三）测量方法与测量工具

因变量的测量涉及学习效果的测量，主要包括学习动机测量、眼动指标测量、认知负荷测量和学习成绩测量。

1. 学习动机测量

学习动机的测量主要用到问卷调查法。问卷调查法的问卷则改编自凯勒（Keller）的学习动机量表（Instructional Materials Motivation Survey，简称"IMMS"）。IMMS 是依据 Keller

的 ARCS 动机激励模型而编制的。ARCS 模型指出，影响学生学习动机的因素主要包括四个方面："注意"（Attention）、"关联"（Relevance）、"自信"（Confidence）和"满意"（Satisfaction）。在该模型视角下，动机的激发不是最终目标，能够有效地维持学习者的学习动机，让学习者体验学习的满足感从而促进学习者的学习迁移才是最终目标。

研究所使用的问卷共包含 12 道题目，分别涉及注意、关联、自信和满意四个维度，其中每个维度包括 3 道题目，采用 5 点李克特量表形式（见附录 D）进行测量。

2. 眼动指标测量

眼动追踪是一种旨在帮助研究人员理解视觉注意的技术，通过眼动追踪可以检测到学习者在某个时间注视着哪里、注视多久以及眼球运动的轨迹。郑玉玮等[1]通过对 2005—2015 年研究中常用的眼动追踪测量指标的考察，发现这些指标可以确定为三种类型：时间、空间和数。王雪[2]从已有的使用眼动追踪实验方法的多媒体学习研究中发现，大多数研究对注视时间、注视次数、瞳孔大小、眼动轨迹进行了分析。冯小燕等[3]利用科学文献可视化分析工具 CiteSpace 对教育技术领域眼动研究相关文献进行了分析，发现了在眼动指标选取方面注视时间和注视次数较为常用。结合上述学者的发现和本研究需要，选取如下眼动指标进行测量：①总注视时间，被试者在一个或一组兴趣区内所有注视点持续时间的总和，反映被试者对学习材料的加工程度；②总注视次数，被试者在一个或一组兴趣区内所有注视点个数，反映了学习材料的难度、被试者的注意程度、对材料的熟悉程度以及学习策略；③平均注视点持续时间，被试者的视线停留在各注视点上的平均时间，反映学习者对学习材料的加工程度和认知负荷；④平均瞳孔直径，左右瞳孔直径的平均值，反映被试者认知加工强度和认知负荷大小，一般平均瞳孔直径与学习者的脑力劳动高度相关。

3. 认知负荷测量

认知负荷是客观任务及过程所引起学习者的主观感受。普拉斯（Plass）等[4]按照客观性和因果关联对认知负荷测量方法的维度进行了划分，如表 7-2 所示。

表 7-2 认知负荷测量方法的分类

类型	间接	直接
主观	自我报告的心理努力投入	自我报告压力的水平
		自我报告材料的难度
客观	生理测量	大脑活动测量（如 FMRI）
	行为测量	任务绩效测量
	学习结果测量	

① 郑玉玮, 王亚兰, 崔磊. 眼动追踪技术在多媒体学习中的应用：2005—2015 年相关研究的综述[J]. 电化教育研究, 2016, (04)：68-76, 91.
② 王雪. 多媒体学习研究中眼动跟踪实验法的应用[J]. 实验室研究与探索, 2015, (03)：190-193, 201.
③ 冯小燕, 王志军, 吴向文. 我国教育技术领域眼动研究的现状与趋势分析[J].中国远程教育, 2016, (10)：22-29.
④ Roland Brunken , Jan L. Plass & Detlev Leutner. Direct Measurement of Cognitive Load in Multimedia Learning[J]. Educational Psychologist, 2003, 38（01）：53-61.

当前的认知负荷测量方法以主观测量为主，帕斯（Paas）等[1]假设学习者有能力反思他们的认知过程，并在数值量表上给出他们的反应，因此可以采用自我报告的问卷形式来测量学习者的认知负荷。较为常用的主观测试量表是 Paas 编制的"认知负荷自评量表"（the Cognitive Load Subjective Ratings）[2]，内部一致性系数达到 0.74。但该量表只涉及心理努力和任务难度两方面评价，较难对认知负荷的类别加以区分。本研究参考林立甲[3]的研究，在哈特（Hart）等[4]研究的基础上，用三个主观题，即任务要求、导航要求和心理努力来测量认知负荷的每个子成分，即内在认知负荷、外在认知负荷和关联认知负荷，采用 8 点李克特量表的形式（见附录 E）进行测量。[5]该量表曾被冯小燕在其博士论文中使用过。在认知负荷的三个子成分中，内在认知负荷一般由学习材料的复杂性及与之相联系的学习者的先前知识等因素引起，需根据不同的情境适时调整；外在认知负荷一般由学习材料的组织与呈现方式所引起，需将其尽可能降低；关联认知负荷一般是由对学习材料的深层次加工而产生的，是一种有效认知负荷，其量受制于学习者的认知资源总量和内、外在认知负荷的高低。[6]

4. 学习成绩测量

学习成绩的测量主要以被试者对所学知识的前测和后测成绩为依据。前测只需被试回答是否了解即将学习的内容即可。后测的内容参考梅耶学习效果的测量方法，包括保持测试和迁移测试两种。其中，保持测试考察被试者对所学知识内容的记忆效果；迁移测试考察被试者对所学知识内容的运用效果。

（四）实验的整体流程

根据王汉澜《教育实验学》[7]一书的描述，实验研究的整体工作流程分为三个阶段：准备阶段、实施阶段、数据统计与分析阶段。

1. 准备阶段

准备阶段的工作包括：①确定实验目的；②提出实验的假设；③确定实验的变量；④选择实验的方法；⑤确定被试的来源和数量；⑥准备测试的材料；⑦规划实验的过程。

2. 实施阶段

实施阶段的工作包括：①施行前测，考察被试对即将学习的知识的掌握程度；②进行编组，根据实验的要求，按照一定的方法，把选择出的被试分成若干相等的组；③控制实验情境，根据实验目的要求，有效消除、均衡或排除非实验因素的影响；④举行后测，结合实验因变量，需测试被试的眼动指标、认知负荷、学习动机和学习成绩（保持测试+迁移测试）。

① F Paas, JE Tuovinen, H Tabbers, et al. Cognitive Load Measurement as a Means to Advance Cognitive Load Theory[J]. Educational Psychologist, 2003, 38（01）：63-71.

② FGWC Paas, JJG Van Merriënboer. Variability of worked examples and transfer of geometrical problem-solving skills: A cognitive-load approach[J]. Journal of Educational Psychology, 1994, 86（01）：122-133.

③ 林立甲. 基于数字技术的学习科学理论、研究与实践[M]. 上海：华东师范大学出版社, 2016.

④ SG Hart, LE Staveland. Development of NASA-TLX（Task Load Index）：Results of Empirical and Theoretical Research[J]. Advances in Psychology, 1988, 52（06）：139-183.

⑤ 冯小燕. 促进学习投入的移动学习资源画面设计研究[D]. 天津：天津师范大学, 2018.

⑥ 孙崇勇, 李淑莲. 认知负荷理论及其在教学设计中的运用[M]. 北京：清华大学出版社, 2017.

⑦ 王汉澜. 教育实验学[M]. 开封：河南大学出版社, 1992.

3. 数据统计与分析阶段

数据统计与分析阶段的工作包括：①统计分析，根据实验要求对测试数据按科学的统计方法进行分析统计；②验证假设，根据数据统计分析的结果，判断提出的实验假设是否成立，并依此得出 AR 画面的设计策略。

综上所述，本研究中实验研究的整体框架如图 7-1 所示。

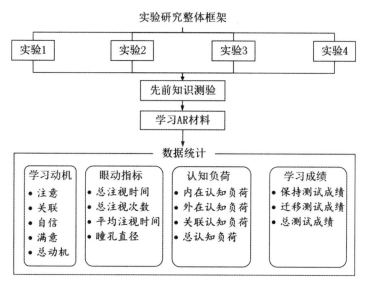

图 7-1 实验研究整体框架

二、实验 1：A 画面中"文""声"要素注释与学习者学习风格对 AR 学习效果的影响研究

（一）实验背景

本实验是对命题 8 的验证。

Mayer 指出，多媒体学习应遵循"个体差异原则"（Individual Differences Principle）。在学习者特征中，"学习风格"是常被考虑的因素。学习风格（Learning Style）是指学习者所具有或所偏爱的学习方式以及表现出来的相应的学习特征。[①]认知风格（Cognitive Style）作为学习风格的一个分支，通常可分为场依存型—场独立型、沉思型—冲动型、齐平化型—尖锐化型、整体型—序列型、聚合型—发散型、言语型—表象型、视觉型—听觉型—动觉型等类别。其中，"视觉型—听觉型—动觉型"属于感知学习风格。

感知学习风格的形成受到视、听、触觉等多感官因素的影响，反映了身体对外部刺激的反应。信息加工理论从学习者认知通道偏好的角度，根据学习者偏好的信息接收方式，将学习风格分为视觉型、听觉型和动觉型三种类型。詹姆斯（James）等人提出了文字型、视觉型、交际型、嗅觉型的分类。林恩·奥布莱恩（Lynn O'Brien）则把感知学习风格分为视觉型、听觉型和触觉型。其中，视觉型和听觉型较为常见。视觉型学习者对视觉材料敏感，擅

---

① 全国十二所重点师范大学. 心理学基础[M]. 北京：教育科学出版社，2002.

长用眼睛进行学习，较少受噪声干扰；听觉型学习者则擅长利用听觉通道学习。

学习者对认知通道的偏好会在一定程度上影响学习者的学习成绩。刘颖[1]发现，学习者感知学习风格与学习通道匹配的情况下学习效果好，即视觉型学习者更适合"图+文"而非"图+声"，听觉型学习者则恰恰相反。栾文娣[2]也得出了类似的结论。

对于 AR 画面而言，R 画面呈现的内容以视觉化的"景"为主，且在 AR 画面中占据较大的比例，可能更容易引起视觉型学习者的关注。A 画面中"文""声"要素的选取需要与学习者学习风格（视觉型、听觉型）之间的关系需要得到进一步探究。例如，在 AR 条件下，学习者不同的学习风格（视觉型、听觉型）是否会对学习效果产生类似于传统多媒体学习中的差异影响呢？面对不同学习风格（视觉型、听觉型）的学习者，A 画面如何合理选用"文""声""图/像+文""图/像+声""图/像+文+声"注释方式呢？诸如此类的问题需要通过本实验加以探讨。通过对本实验相关数据的分析，希望能提出适合不同学习风格学习者的"文""声"选择方案。

（二）实验目的

研究 A 画面中"文""声"要素注释与学习者学习风格对 AR 学习效果的影响。

（三）实验假设

1. 总假设

H1：A 画面中"文""声"要素注释的不同方式（文、声、文+声）与学习者学习风格（视觉型、听觉型）的不同组合对 AR 学习效果（眼动指标、认知负荷、学习动机、学习成绩）的影响存在显著差异。

2. 分假设

H1-1：A 画面中"文""声"要素注释的不同方式（文、声、文+声）对 AR 学习效果（眼动指标、认知负荷、学习动机、学习成绩）的影响存在显著差异。

H1-2：学习者学习风格的不同类型（听觉型、视觉型）对 AR 学习效果（眼动指标、认知负荷、学习动机、学习成绩）的影响存在显著差异。

H1-3：A 画面中"文""声"要素注释的不同方式（文、声、文+声）与学习者学习风格的不同类型（视觉型、听觉型）存在显著交互作用。

（四）实验设计及变量

本实验采用 3（"文""声"注释不同方式）×2（学习者学习风格）实验设计。

实验变量包括自变量、因变量和无关变量三类。

● 自变量：①A 画面中"文""声"要素注释的不同方式，属于被试内变量，具有"文""声""文+声"三个水平。文：扫描图片，设备屏幕上呈现关于该图片的文字说明；声：扫描图片，设备中播放关于该图片的语音说明；文+声：扫描图片，设备屏幕上呈现关于该图片的文字说明，同时设备中同步播放与文字说明一致的语音信息。②学习者学习风格，属于被试间变量，分为听觉型和视觉型两个水平。听觉型：在学习风格测试中，仅听觉分量表成

---

① 刘颖. 感知学习风格对通道效应的影响研究[D]. 保定：河北大学，2014.
② 栾文娣. 多媒体学习效果研究[D]. 南京：南京师范大学，2007.

绩在36~50分之间的学习者；视觉型：在学习风格测试中，仅视觉分量表成绩在36~50分之间学习者。

● 因变量：①眼动指标为总注视时间、总注视次数、平均注视点持续时间、瞳孔直径。②认知负荷为内在认知负荷、外在认知负荷、关联认知负荷、总认知负荷。③学习动机为注意、关联、自信、满意、总动机。④学习成绩为保持测验成绩、迁移测验成绩、总测验成绩。

● 无关变量：实验者的偏向、被试态度的变化、被试学习时间的差异、迁移对实验结果的影响等。本研究中无关变量的控制方式包括：主试人员固定、实验流程讲解详细、严格控制实验时长等。

（五）被试选择

从T大学本科生中招募自愿参加实验的被试者，对其进行学习风格测试，根据测试的结果筛选出90名学生（年龄在18~23岁区间）参加实验，将其按照学习风格分为视觉组和听觉组2个组别，每组45人。然后，将这2组被试者各自随机划分为3组，由此共得到6组被试，分别为"文—听觉型"组、"文—视觉型"组、"声—听觉型"组、"声—视觉型"组、"文+声—听觉型"组、"文+声—视觉型"组，每组15人。每组被试在实验结束时均得到一定的报酬。

（六）学习及测试材料

1. AR学习材料

AR学习材料采用"天眼AR"制作平台进行开发。学习材料的主题为"地形地貌"，内容参考自"百度百科"。学习者须重点学习的内容为：常见的地形地貌名称及其特征，涉及冰碛湖、冲积扇、大陆冰盖、断层谷、火山岛、珊瑚岛、土地癌症、褶皱山8种地形地貌。

学习材料以彩色打印纸为主要载体。纸介质上首先介绍地形地貌的概况，然后呈现某种特定地形地貌的图片，被试用移动设备扫描图片后，可以获得关于该图片的注释信息。注释方式有三种：①"文"注释，移动设备屏幕上仅呈现关于该地形地貌的相关文字，学习者无法听到与文字一致的语音解说；②"声"注释，移动设备播放关于该地形地貌的语音解说，但屏幕上不呈现与解说一致的文字信息；③"文+声"注释，移动设备屏幕上呈现关于该地形地貌的相关文字，同时播放与文字一致的语音解说。3种注释方式的AR画面，如图7-2所示。

(a)"文"注释AR画面

(b)"声"注释AR画面

(c) "文+声"注释 AR 画面

图 7-2 实验 3 种注释方式的 AR 画面

上述 AR 画面均由移动端呈现给学习者，学习者可以在规定的时间内，自主控制学习的顺序和进度。

2. 学习风格测试题

学习风格测试选用 Reid 感知风格问卷（见附录 B）来进行。该问卷被我国的教育研究者青睐，并得到多次运用。Reid 感知风格问卷一共有 6 个分量表，每个分量表有 5 个项目，一共有 30 个项目，每个项目由 1 到 5 计分，由被试者进行主观评定。

Reid 感知风格各个分量表对应的题号如下。①视觉分量表：6、10、12、24、29。②听觉分量表：1、7、9、17、20。③动觉分量表：2、8、15、19、26。④触觉分量表：11、14、16、22、25。⑤小组分量表：3、4、5、21、23。⑥个人分量表：13、18、27、28、30。

以上分量表中，有 4 个分量表与感觉通道的偏好有关，分别是视觉、听觉、触觉和动觉分量表，可使用每个分量表的分数进行通道偏好的计算。根据向书桂[①]的统计，该问卷中文版本的数据信度为 0.78，较为可靠。

Reid 认为，如果某种感知风格的总分值乘以 2 的得分在 36~50 之间，表示该学习风格为该学习者的主要感知学习风格；25~35 之间表示次要的感知学习风格；0~24 之间表示忽视的感知学习风格。

本研究主要选择视觉分量表和听觉分量表的共 10 个项目对学习者的学习风格进行考查，并依据得分判定学习者的感知风格类型。一般认为，仅视觉分量表的得分在 36~50 之间的学习者为视觉型，仅听觉分量表的得分在 36~50 之间的学习者为听觉型。

3. 先前知识测验题

"地形地貌"的先前知识测验题由两部分组成，第一部分是主观评定题，共 4 道题；第二部分是客观测试题，共 1 道。第一部分的 4 道题目用于了解被试对学习主题的熟悉程度，每题 1 分。第二部分的 1 道题目考查被试对主题知识的掌握情况，共有 6 个知识点，每个知识点 1 分，答对 1 个计 1 分。两个部分的先前知识测验题共计 10 分，被试前测成绩若高于 5 分，则被视为高知识基础被试，将其剔除。

① 向书桂. 研究生历史现在时水平与感知学习风格相关性研究[D]. 长沙：长沙理工大学, 2010.

4. 学习动机自评量表

学习动机自评量表根据 Keller 的 IMMS 学习动机量表而改编（见附录 D）。

5. 认知负荷自评量表

认知负荷自评量表选用林立甲等采用的认知负荷量表（见附录 E）。

6. 学习效果测验材料

保持测验的目的在于考察被试者对学习材料的识记、保持或再认能力。保持测验由 5 道题目组成，包含 2 道多选题和 3 道填空题，每题 2 分，共计 10 分。保持测验的答案能够直接从材料中获得。

迁移测验的目的是考察被试者根据学习材料应用到新的情境中解决问题的能力。迁移测验由 6 道题目组成，包含 2 道单选题、2 道填空题、1 道判断题和 1 道简答题。单选题和填空题每题 2 分，判断题 4 分，简答题 3 分，共计 15 分。迁移测验的答案需要靠学习者整合所学知识推断获得。

试题数据经过了信度检验，Cronbach's Alpha 值为 0.803，符合 α 信度系数不低于 0.6 的要求。

所有测验题目要求被试者严格按顺序完成，答题一次性完成，不得中途修改答案。

（七）实验设备

实验的设备包括：①平板电脑 1 部，用于呈现 AR 效果，型号为小米平板 MI PAD 4；②眼镜式眼动仪一套，硬件设备选用 SIM Glass 眼动仪，软件设备选用 BeGaze 分析软件用于数据处理。

（八）实验过程

第 1 步：主试者告知被试者实验要求与注意事项。

第 2 步：被试者填写基本信息问卷、先前知识测验题。学习风格测试已在实验前完成，并作为分组依据之一。

第 3 步：主试者为被试者佩戴眼镜式眼动仪，为其选择合适度数的镜片，并调试正常。

第 4 步：主试者引导被试者放松心情，并执行"三点校准"的定标操作。

第 5 步：被试者利用移动设备自主学习 AR 材料，要求学习时长约为 5~10min。

第 6 步：被试者结束学习后，主试者为其摘掉眼镜式眼动仪，并妥善放至合适的位置。

第 7 步：被试者认真填答学习动机自评量表、认知负荷自评量表和学习效果测试题。填答过程中，主试者提醒被试者注意：一旦开始测试，将不可回看 AR 学习内容。

第 8 步：主试者确认被试者已完成实验要求的全部任务后，给予被试者预先商定的报酬。

（九）数据统计

本实验利用 SPSS 22.0 统计软件对数据进行管理和分析，具体分析项目为：①采用"方差分析"对先前测验成绩进行分析，确保各组别被试者对实验学习材料的知识基础一致；②采用"方差分析"对各组别的眼动指标、认知负荷、学习动机和学习成绩进行分析，探讨不同的自变量及水平对因变量的影响是否存在显著差异。

1. 先前测验成绩分析

对各组别先前测验成绩进行随机区组设计方差分析后，得到如表 7-3 所示的结果。

表 7-3 为描述性统计结果，显示各组别前测成绩平均值在 2.02~2.52 区间，较为接近。

表 7-3 实验 1 先前知识测验成绩（M±SD）

注释方式	学习风格	N	先前知识测验成绩
文	听觉型	15	2.32±1.03
	视觉型	15	2.47±1.46
声	听觉型	15	2.22±0.99
	视觉型	15	2.35±1.20
文+声	听觉型	15	2.02±1.38
	视觉型	15	2.52±1.39

主效应模型检验结果显示，校正模型统计量 $F=0.311$，$P=0.905$（大于 0.05），说明各组被试者在学习 AR 材料前的知识水平基本一致。

2. 眼动指标分析

对各组别眼动指标进行随机区组设计方差分析后，得到如表 7-4 所示的描述性结果。

表 7-4 实验 1 不同实验组眼动指标（M±SD）

注释方式	学习风格	N	总注视时间（ms）	总注视次数（n）	平均注视持续时间（ms）	瞳孔直径（mm）
文	听觉型	15	237697±82691	1263±269	212±55	4.27±0.60
	视觉型	15	233858±40117	1261±279	190±22	4.23±0.81
声	听觉型	15	214927±78507	1126±325	204±46	4.60±0.65
	视觉型	15	209593±52155	1069±292	197±39	4.68±0.72
文+声	听觉型	15	243310±57435	1227±271	207±24	4.37±0.49
	视觉型	15	256003±67714	1269±323	205±19	4.31±0.67

（1）总注视时间分析

在不同注释方式和不同学习风格的条件下，学习者的总注视时间存在差异。按照总注视时间由长到短的顺序，可得到各组别的排序结果："文+声"+视觉型>"文+声"+听觉型>文+听觉型>文+视觉型>声+听觉型>声+视觉型。

进一步利用随机区组设计方差分析对注释方式和学习风格影响总注视时间的主效应进

行检验，发现校正模型统计量 $F=1.093$，$P=0.370>0.05$。其中，注释方式主效应不显著（$F=2.551$，$P=0.084>0.05$），学习风格主效应不显著（$F=0.007$，$P=0.932>0.05$），注释方式和学习风格的交互作用不显著（$F=0.179$，$P=0.837>0.05$）。

利用 LSD 法对不同注释方式不同学习风格组别的总注视时间进行成对比较后发现，从注释方式对总注视时间的影响来看，"文+声"（249656±11836）>"文"（235777±11836）>"声"（212259±11836），三者不存在显著差异；从学习风格对总注视时间的影响来看，视觉型（233151±9664）>听觉型（231978±11836），两者不存在显著差异。

（2）总注视次数分析

在不同注释方式和不同学习风格的条件下，学习者用于加工 AR 学习材料的总注视次数存在差异。按照总注视次数排序由多到少的顺序，可得到各组别的排序结果："文+声"+视觉型>文+听觉型>文+视觉型>"文+声"+听觉型>声+听觉型>声+视觉型。

进一步利用随机区组设计方差分析对注释方式和学习风格影响总注视次数的主效应进行检验，发现校正模型统计量 $F=1.240$，$P=0.298>0.05$。其中，注释方式主效应不显著（$F=2.883$，$P=0.062>0.05$），学习风格主效应不显著（$F=0.010$，$P=0.922>0.05$），注释方式和学习风格的交互作用不显著（$F=0.213$，$P=0.809>0.05$）。

利用 LSD 法对不同注释方式不同学习风格组别的总注视次数进行成对比较后发现，从注释方式对总注视次数的影响来看，"文"（1262±54）>"文+声"（1248±54）>"声"（1097±54），"文""声"存在显著差异（$P=0.033<0.05$），"文""文+声"不存在显著差异，"声""文+声"不存在显著差异；从学习风格对总注视次数的影响来看，听觉型（1205±44）>视觉型（1199±44），两者不存在显著差异。

（3）平均注视持续时间分析

在不同注释方式和不同学习风格的条件下，学习者用于加工 AR 学习材料的平均注视持续时间存在差异。按照平均注视持续时间排序由长到短的顺序，可得到各组别的排序结果：文+听觉型>"文+声"+听觉型>"文+声"+视觉型>声+听觉型>声+视觉型>文+视觉型。

进一步利用随机区组设计方差分析对注释方式和学习风格影响平均注视持续时间的主效应进行检验，发现校正模型统计量 $F=0.693$，$P=0.630>0.05$。其中，注释方式主效应不显著（$F=0.213$，$P=0.808>0.05$），学习风格主效应不显著（$F=1.842$，$P=0.178>0.05$），注释方式和学习风格的交互作用不显著（$F=0.599$，$P=0.552>0.05$）。

利用 LSD 法对不同注释方式不同学习风格组别的平均注视持续时间进行成对比较后发现，从注释方式对平均注视持续时间的影响来看，"文+声"（206±7）>"文"（201±7）>"声"（200±7），三者不存在显著差异；从学习风格对平均注视持续时间的影响来看，听觉型（207±5）>视觉型（197±5），两者不存在显著差异。

（4）瞳孔直径分析

在不同注释方式和不同学习风格的条件下，学习者用于加工 AR 学习材料的平均瞳孔直径存在差异。按照平均瞳孔的直径排序由大到小的顺序，可得到各组别的排序结果：声+视觉型>声+听觉型>"文+声"+听觉型>"文+声"+视觉型>文+听觉型>文+视觉型。

进一步利用随机区组设计方差分析对注释方式和学习风格影响平均瞳孔直径的主效应进行检验，发现校正模型统计量 $F=1.141$，$P=0.345>0.05$。其中，注释方式主效应不显著

（$F=2.748$，$P=0.070>0.05$），学习风格主效应不显著（$F=0.002$，$P=0.196>0.05$），注释方式和学习风格的交互作用不显著（$F=0.103$，$P=0.903>0.05$）。

利用 LSD 法对不同注释方式不同学习风格组别的平均瞳孔直径进行成对比较后发现，从注释方式对平均瞳孔直径的影响来看，"声"（4.64±0.12）>"文+声"（4.34±0.12）>"文"（4.25±0.12），"文""声"存在显著差异（$P=0.028<0.05$），"文""文+声"不存在显著差异，"声""文+声"不存在显著差异；从学习风格对平均瞳孔直径的影响来看，视觉型（4.41±0.09）=听觉型（4.41±0.09），两者不存在显著差异。

3. 认知负荷分析

对各组别认知负荷测量结果进行随机区组设计方差分析后，得到如表 7-5 所示的描述性结果。

表 7-5 实验 1 不同实验组认知负荷测量结果（M±SD）

注释方式	学习风格	N	内在认知负荷	外在认知负荷	关联认知负荷	总认知负荷
文	听觉型	15	4.00±1.36	5.47±1.06	3.07±1.03	12.53±2.29
	视觉型	15	3.53±1.25	5.60±1.06	2.93±1.71	12.07±2.05
声	听觉型	15	3.60±1.55	6.60±0.91	3.00±1.46	13.20±2.46
	视觉型	15	3.67±1.29	6.87±0.92	3.07±1.44	13.73±2.87
文+声	听觉型	15	3.93±1.49	5.13±1.41	3.47±1.13	12.53±2.90
	视觉型	15	3.60±1.30	4.07±1.22	2.80±1.01	10.47±2.39

（1）内在认知负荷分析

在不同注释方式和不同学习风格的条件下，学习者的内在认知负荷存在差异。按照内在认知负荷由高到低的顺序，可得到各组别的排序结果：文+听觉型>"文+声"+听觉型>声+视觉型>声+听觉型>"文+声"+视觉型>文+视觉型。

进一步利用随机区组设计方差分析对注释方式和学习风格影响内在认知负荷的主效应进行检验，发现校正模型统计量 $F=0.301$，$P=0.911>0.05$。其中，注释方式主效应不显著（$F=0.094$，$P=0.911>0.05$），学习风格主效应不显著（$F=0.709$，$P=0.402>0.05$），注释方式和学习风格的交互作用不显著（$F=0.305$，$P=0.738>0.05$）。

利用 LSD 法对不同注释方式不同学习风格组别的内在认知负荷进行成对比较后发现，从注释方式对内在认知负荷的影响来看，"文"（3.77±0.25）="文+声"（3.77±0.25）>"声"（3.63±0.25），三者不存在显著差异；从学习风格对内在认知负荷的影响来看，听觉型（3.84±0.21）>视觉型（3.60±0.21），两者存在显著差异。

（2）外在认知负荷分析

在不同注释方式和不同学习风格的条件下，学习者的外在认知负荷存在差异。按照外在认知负荷由高到低的顺序，可得到各组别的排序结果：声+视觉型>声+听觉型>文+视觉型>

文+听觉型>"文+声"+听觉型>"文+声"+视觉型。

进一步利用随机区组设计方差分析对注释方式和学习风格影响外在认知负荷的主效应进行检验，发现校正模型统计量 $F=12.652$，$P=0.000<0.05$。其中，注释方式主效应极其显著（$F=27.892$，$P=0.000<0.01$），学习风格主效应不显著（$F=0.903$，$P=0.345>0.05$），注释方式和学习风格的交互作用显著（$F=3.288$，$P=0.042<0.05$）。

利用 LSD 法对不同注释方式不同学习风格组别的外在认知负荷进行成对比较后发现，从注释方式对外在认知负荷的影响来看，"声"（6.73 ± 0.20）>"文"（5.53 ± 0.20）>"文+声"（4.60 ± 0.20），"文""声"存在极其显著差异（$P=0.000<0.05$），"文""文+声"存在极其显著差异（$P=0.002<0.01$），"声""文+声"存在极其显著差异（$P=0.000<0.05$）；从学习风格对外在认知负荷的影响来看，听觉型（5.73 ± 0.17）>视觉型（5.51 ± 0.17），两者不存在显著差异。

（3）关联认知负荷分析

在不同注释方式和不同学习风格的条件下，学习者的关联认知负荷存在差异。按照关联认知负荷由高到低的顺序，可得到各组别的排序结果："文+声"+听觉型>声+视觉型>文+听觉型>声+听觉型>文+视觉型>"文+声"+视觉型。

进一步利用随机区组设计方差分析对注释方式和学习风格影响关联认知负荷的主效应进行检验，发现校正模型统计量 $F=0.433$，$P=0.824>0.05$。其中，注释方式主效应不显著（$F=0.083$，$P=0.921>0.05$），学习风格主效应不显著（$F=0.769$，$P=0.383>0.05$），注释方式和学习风格的交互作用不显著（$F=0.616$，$P=0.542>0.05$）。

利用 LSD 法对不同注释方式不同学习风格组别的关联认知负荷进行成对比较后发现，从注释方式对关联认知负荷的影响来看，"文+声"（3.13 ± 0.24）>"声"（3.03 ± 0.24）>"文"（3.00 ± 0.24），三者不存在显著差异；从学习风格对关联认知负荷的影响来看，听觉型（3.18 ± 0.20）>视觉型（2.93 ± 0.20），两者不存在显著差异。

（4）总认知负荷分析

在不同注释方式和不同学习风格的条件下，学习者的总认知负荷存在差异。按照总认知负荷由低到高的顺序，可得到各组别的排序结果：声+视觉型>声+听觉型>"文+声"+听觉型>文+听觉型>文+视觉型>"文+声"+视觉型。

进一步利用随机区组设计方差分析对注释方式和学习风格影响总认知负荷的主效应进行检验，发现校正模型统计量 $F=2.998$，$P=0.015<0.05$。其中，注释方式主效应显著（$F=4.656$，$P=0.012<0.05$），学习风格主效应不显著（$F=1.587$，$P=0.211>0.05$），注释方式和学习风格的交互作用不显著（$F=2.047$，$P=0.136>0.05$）。

利用 LSD 法对不同注释方式不同学习风格组别的关联认知负荷进行成对比较后发现，从注释方式对总认知负荷的影响来看，"声"（13.47 ± 0.46）>"文"（12.30 ± 0.46）>"文+声"（11.50 ± 0.46），"声""文+声"存在极其显著差异（$P=0.003<0.01$），"文""声"不存在显著差异，"文""文+声"不存在显著差异；从学习风格对总认知负荷的影响来看，听觉型（12.76 ± 0.37）>视觉型（12.09 ± 0.37），两者不存在显著差异。

4. 学习动机分析

对各组别学习动机测量结果进行随机区组设计方差分析后，得到如表 7-6 所示的描述性结果。

表 7-6 实验 1 不同实验组学习动机测量结果（M±SD）

注释方式	学习风格	N	注意动机	关联动机	自信动机	满意动机	总动机
文	听觉型	15	11.73±0.80	10.47±1.06	11.20±0.77	11.20±1.08	44.60±2.23
	视觉型	15	12.00±1.51	11.27±1.58	12.00±1.73	11.33±0.90	46.60±4.42
声	听觉型	15	11.87±1.96	10.40±1.76	11.40±0.99	11.40±1.59	45.07±4.35
	视觉型	15	11.40±2.32	10.13±2.56	10.60±2.20	10.60±2.26	42.73±5.99
文+声	听觉型	15	11.93±1.44	10.80±1.78	11.33±0.90	11.80±1.26	45.87±3.36
	视觉型	15	11.87±1.06	9.60±1.55	11.07±1.16	11.40±0.74	43.93±2.58

（1）注意动机分析

在不同注释方式和不同学习风格的条件下，学习者的注意动机存在差异。按照注意动机由高到低的顺序，可得到各组别的排序结果：文+视觉型>"文+声"+听觉型>"文+声"+视觉型=声+听觉型>文+听觉型>声+视觉型。

进一步利用随机区组设计方差分析对注释方式和学习风格影响注意动机的主效应进行检验，发现校正模型统计量 $F=0.271$，$P=0.928>0.05$。其中，注释方式主效应不显著（$F=0.248$，$P=0.781>0.05$），学习风格主效应不显著（$F=0.069$，$P=0.793>0.05$），注释方式和学习风格的交互作用不显著（$F=0.395$，$P=0.675>0.05$）。

利用 LSD 法对不同注释方式不同学习风格组别的注意动机进行成对比较后发现，从注释方式对注意动机的影响来看，"文+声"（11.90±0.29）>"文"（11.87±0.29）>"声"（11.63±0.29），三者不存在显著差异；从学习风格对注意动机的影响来看，听觉型（11.84±0.24）>视觉型（11.76±0.24），两者不存在显著差异。

（2）关联动机分析

在不同注释方式和不同学习风格的条件下，学习者的关联动机存在差异。按照关联动机由高到低的顺序，可得到各组别的排序结果：文+视觉型>"文+声"+听觉型>文+听觉型>声+听觉型>声+视觉型>"文+声"+视觉型。

进一步利用随机区组设计方差分析对注释方式和学习风格影响关联动机的主效应进行检验，发现校正模型统计量 $F=1.541$，$P=0.186>0.05$。其中，注释方式主效应不显著（$F=1.287$，$P=0.282>0.05$），学习风格主效应不显著（$F=0.354$，$P=0.554>0.05$），注释方式和学习风格的交互作用不显著（$F=2.390$，$P=0.098>0.05$）。

利用 LSD 法对不同注释方式不同学习风格组别的关联动机进行成对比较后发现，从注释方式对关联动机的影响来看，"文"（11.87±0.32）>"声"（10.27±0.32）>"文+声"（10.20±0.32），三者不存在显著差异；从学习风格对关联动机的影响来看，听觉型（10.56±0.26）>视觉型（10.33±0.26），两者不存在显著差异。

（3）自信动机分析

在不同注释方式和不同学习风格的条件下，学习者的自信动机存在差异。按照自信动机由高到低的顺序，可得到各组别的排序结果：文+视觉型>声+听觉型>"文+声"+听觉型>文+听觉型>"文+声"+视觉型>声+视觉型。

进一步利用随机区组设计方差分析对注释方式和学习风格影响自信动机的主效应进行检验，发现校正模型统计量 $F=1.633$，$P=0.160>0.05$。其中，注释方式主效应不显著（$F=1.453$，$P=0.240>0.05$），学习风格主效应不显著（$F=0.092$，$P=0.762>0.05$），注释方式和学习风格的交互作用不显著（$F=2.583$，$P=0.082>0.05$）。

利用 LSD 法对不同注释方式不同学习风格组别的自信动机进行成对比较后发现，从注释方式对自信动机的影响来看，"文"（11.60 ± 0.25）>"文+声"（11.20 ± 0.25）>"声"（11.00 ± 0.25），三者不存在显著差异；从学习风格对自信动机的影响来看，听觉型（11.31 ± 0.21）>视觉型（11.22 ± 0.21），两者不存在显著差异。

（4）满意动机分析

在不同注释方式和不同学习风格的条件下，学习者的满意动机存在差异。按照满意动机由高到低的顺序，可得到各组别的排序结果："文+声"+听觉型>声+听觉型>"文+声"+视觉型>文+视觉型>文+听觉型>声+视觉型。

进一步利用随机区组设计方差分析对注释方式和学习风格影响满意动机的主效应进行检验，发现校正模型统计量 $F=1.177$，$P=0.327>0.05$。其中，注释方式主效应不显著（$F=1.381$，$P=0.257>0.05$），学习风格主效应不显著（$F=1.449$，$P=0.232>0.05$），注释方式和学习风格的交互作用不显著（$F=0.838$，$P=0.436>0.05$）。

利用 LSD 法对不同注释方式不同学习风格组别的满意动机进行成对比较后发现，从注释方式对满意动机的影响来看，"文+声"（11.60 ± 0.26）>"文"（11.26 ± 0.26）>"声"（11.00 ± 0.26），三者不存在显著差异；从学习风格对满意动机的影响来看，听觉型（11.47 ± 0.21）>视觉型（11.11 ± 0.21），两者不存在显著差异。

（5）总动机分析

在不同注释方式和不同学习风格的条件下，学习者的总动机存在差异。按照总动机由高到低的顺序，可得到各组别的排序结果：文+视觉型>"文+声"+听觉型>声+听觉型>文+听觉型>"文+声"+视觉型>声+视觉型。

进一步利用随机区组设计方差分析对注释方式和学习风格影响总动机的主效应进行检验，发现校正模型统计量 $F=1.760$，$P=0.130>0.05$。其中，注释方式主效应不显著（$F=1.351$，$P=0.265>0.05$），学习风格主效应不显著（$F=0.792$，$P=0.376>0.05$），注释方式和学习风格的交互作用不显著（$F=2.653$，$P=0.076>0.05$）。

利用 LSD 法对不同注释方式不同学习风格组别的总动机进行成对比较后发现，从注释方式对总动机的影响来看，"文"（45.60 ± 0.74）>"文+声"（44.90 ± 0.74）>"声"（43.90 ± 0.74），三者不存在显著差异；从学习风格对总动机的影响来看，听觉型（45.18 ± 0.60）>视觉型（44.42 ± 0.60），两者不存在显著差异。

5. 学习成绩分析

对各组别学习成绩进行随机区组设计方差分析后，得到如表 7-7 所示的描述性结果。

表 7-7 实验 1 不同实验组学习成绩（M±SD）

注释方式	学习风格	N	保持测验成绩	迁移测验成绩	总测验成绩
文	听觉型	15	9.20±1.66	10.00±2.48	19.40±3.68
	视觉型	15	9.33±1.45	11.67±1.54	21.00±1.51
声	听觉型	15	9.33±0.98	11.00±2.51	20.33±2.85
	视觉型	15	8.80±1.66	8.80±2.86	17.60±3.27
文+声	听觉型	15	9.07±1.03	11.67±1.95	20.74±2.43
	视觉型	15	9.20±1.47	11.53±1.60	20.74±2.38

（1）保持测验成绩分析

在不同注释方式和不同学习风格的条件下，学习者的保持测验成绩存在差异。按照保持测验成绩由高到低的顺序，可得到各组别的排序结果：文+视觉型>声+听觉型>文+听觉型>"文+声"+视觉型>"文+声"+听觉型>声+视觉型。

进一步利用随机区组设计方差分析对注释方式和学习风格影响保持测验成绩的主效应进行检验，发现校正模型统计量 $F=0.341$，$P=0.887>0.05$。其中，注释方式主效应不显著（$F=0.176$，$P=0.839>0.05$），学习风格主效应不显著（$F=0.100$，$P=0.752>0.05$），注释方式和学习风格的交互作用不显著（$F=0.627$，$P=0.537>0.05$）。

利用 LSD 法对不同注释方式不同学习风格组别的保持测验成绩进行成对比较后发现，从注释方式对保持测验成绩的影响来看，"文"（9.27±0.24）>"文+声"（9.13±0.24）>"声"（9.07±0.24），三者不存在显著差异；从学习风格对保持测验成绩的影响来看，听觉型（9.20±0.20）>视觉型（9.11±0.20），两者不存在显著差异。

（2）迁移测验成绩分析

在不同注释方式和不同学习风格的条件下，学习者的迁移测验成绩存在差异。按照迁移测验成绩由高到低的顺序，可得到各组别的排序结果："文+声"+听觉型>文+视觉型>"文+声"+视觉型>声+听觉型>文+听觉型>声+视觉型。

进一步利用随机区组设计方差分析对注释方式和学习风格影响迁移测验成绩的主效应进行检验，发现校正模型统计量 $F=4.120$，$P=0.002<0.05$。其中，注释方式主效应显著（$F=4.446$，$P=0.015<0.05$），学习风格主效应不显著（$F=0.227$，$P=0.635>0.05$），注释方式和学习风格的交互作用极其显著（$F=5.741$，$P=0.005<0.01$）。

利用 LSD 法对不同注释方式不同学习风格组别的迁移测验成绩进行成对比较后发现，从注释方式对迁移测验成绩的影响来看，"文+声"（11.60±0.40）>"文"（10.83±0.40）>"声"（9.90±0.40），其中"文""声"不存在显著差异，"声""文+声"存在极其显著差异（P=0.004<0.01），"文""文+声"不存在显著差异；从学习风格对迁移测验成绩的影响来看，听觉型（10.89±0.33）>视觉型（10.67±0.33），两者不存在显著差异。

（3）总测验成绩分析

在不同注释方式和不同学习风格的条件下，学习者的总测验成绩存在差异。按照总测验成绩由高到低的顺序，可得到各组别的排序结果：文+视觉型>"文+声"+听觉型>"文+声"+视觉型>声+听觉型>文+听觉型>声+视觉型。

进一步利用随机区组设计方差分析对注释方式和学习风格影响总测验成绩的主效应进行检验，发现校正模型统计量 F=3.236，P=0.010<0.05。其中，注释方式主效应显著（F=3.201，P=0.046<0.05），学习风格主效应不显著（F=0.417，P=0.520>0.05），注释方式和学习风格的交互作用显著（F=4.680，P=0.012<0.05）。

利用 LSD 法对不同注释方式不同学习风格组别的总测验成绩进行成对比较后发现，从注释方式对总测验成绩的影响来看，"文+声"（20.73±0.51）>"文"（20.20±0.51）>"声"（18.97±0.51），其中"文""声"不存在显著差异，"声""文+声"存在显著差异（P=0.016<0.05），"文""文+声"不存在显著差异；从学习风格对总测验成绩的影响来看，听觉型（20.16±0.41）>视觉型（19.78±0.41），两者不存在显著差异。

（十）结果讨论

依据本实验的实验假设 H1，结合数据统计结果，下面分别针对实验假设 H1-1、H1-2、H1-3 是否成立进行讨论，以期得到较为全面的实验结论。

1. 关于实验假设 H1-1 是否成立的讨论

H1-1 指出，A 画面中"文""声"要素注释的不同方式（文、声、文+声）对 AR 学习效果（眼动指标、认知负荷、学习动机、学习成绩）的影响存在显著差异。根据主效应分析及 LSD 测量结果仅筛选具有显著和极其显著差异水平的指标项，可发现如下情况。

（1）不同注释方式对眼动指标的影响

①在总注视次数方面，"文"显著多于"声"；②在平均瞳孔直径方面，"文"显著小于"声"。

这些结果产生的原因包含两种可能性（以下用 M1-来作为可能性的标识）。

M1-1：在 AR 学习材料中，"文"注释方式相比"声"注释方式让被试者感知到了更高的难度，因而总注视次数增加。同时，感知难度促使被试者产生消极心理，没有对 AR 学习材料产生浓厚兴趣，因而平均瞳孔直径缩小。

M1-2：在 AR 学习材料中，"文"注释方式相比"声"注释方式更能引起被试者的注意，被试者需要反复阅读文字信息来保证知识的获取，因而总注视次数增加。同时，"声"注释方式下，信息转瞬即逝，被试者为确保信息的准确输入，不得不集中精力，努力使大脑保持在快速运转状态，因而平均瞳孔直径扩张。

（2）不同注释方式对认知负荷的影响

①在外在认知负荷方面，"声"极其显著高于"文"，"文"极其显著高于"文+声"；②在总认知负荷方面，"声"显著高于"文+声"。

这些结果产生的原因包含一种可能性（以下用 M1-来作为可能性的标识）。

M1-3：在 AR 学习材料中，"声"注释方式相比"文""文+声"注释方式，与被试者大脑中获得的图式不直接相关，施加给被试者工作记忆额外的认知负荷，因而外在认知负荷升高，进而促使总认知负荷升高。

（3）不同注释方式对学习成绩的影响

①在迁移测验成绩方面，"文+声"极其显著高于"声"；②在总测验成绩方面，"文+声"显著高于"声"。

这些结果产生的原因包含一种可能性（以下用 M1-来作为可能性的标识）。

M1-4：在 AR 学习材料中，"文+声"注释方式相比"声"注释方式，更有利于促进被试者对于知识的迁移，因而迁移测验成绩提高，进而促使总测验成绩提高。

综上所述，A 画面中"文""声"要素注释的不同方式会对 AR 学习过程中的眼动指标（总注视次数、平均瞳孔直径）、认知负荷（外在认知负荷、总认知负荷）、学习成绩（迁移测验成绩、总测验成绩）等形成具有显著差异的影响，对于其他学习效果指标则无显著差异影响，部分验证了实验假设 H1-1。

2. 关于实验假设 H1-2 是否成立的讨论

H1-2 指出，学习者学习风格的不同类型（听觉型、视觉型）对 AR 学习效果（学习动机、眼动指标、认知负荷、学习成绩）的影响存在显著差异。根据主效应分析及 LSD 测量结果仅筛选具有显著和极其显著差异水平的指标项，可发现如下情况。

不同学习风格对认知负荷的影响：在内在认知负荷方面，听觉型显著高于视觉型。

这些结果产生的原因包含一种可能性（以下用 M1-来作为可能性的标识）。

M1-5：在 AR 学习过程中，听觉型被试者相比视觉型被试者感知到更高的任务要求，因而内在认知负荷升高。内在认知负荷的升高有可能会阻碍学习，也有可能会促进学习。

综上所述，学习者学习风格的不同类型会对 AR 学习过程中的认知负荷（内在认知负荷）形成具有显著差异的影响，对于其他学习效果指标则无显著差异影响，部分验证了实验假设 H1-2。

3. 关于实验假设 H1-3 是否成立的讨论

H1-3 指出，A 画面中"文""声"要素注释的不同方式（文、声、文+声）与学习者学习风格的不同类型（视觉型、听觉型）存在显著交互作用。根据交互分析可发现（仅筛选具有显著和极其显著差异水平的指标项）如下情况。

注释方式与学习风格在认知负荷方面的交互作用：在外在认知负荷方面，声+视觉型>声+听觉型，"文+声"+听觉型>"文+声"+视觉型，注释方式（"声""文+声"）与学习风格（听觉型、视觉型）交互作用显著。

这些结果产生的原因包含一种可能性（以下用 M1-来作为可能性的标识）。

M1-6：AR 学习材料的注释方式和被试者的学习风格存在不同的匹配特征，"声"注释方式会给视觉型被试者带来超过听觉型被试者更高的无效负荷，"文+声"注释方式会给听觉型被试者带来超过视觉型被试者更高的无效负荷。显然，符合学习者学习风格偏好的注释方式更有利于降低 AR 学习材料带来的外在认知负荷。

（1）注释方式与学习风格在学习成绩方面的交互作用

①在迁移测验成绩方面，"文+声"+听觉型>"文+声"+视觉型，文+视觉型>文+听觉型，声+听觉型>声+视觉型，注释方式（"文""声""文+声"）与学习风格（听觉型、视觉型）交互作用极其显著；②在总测验成绩方面，"文+声"+听觉型>"文+声"+视觉型，文+

视觉型>文+听觉型，声+听觉型>声+视觉型，注释方式（"文""声""文+声"）与学习风格（听觉型、视觉型）交互作用极其显著。

这些结果产生的原因包含一种可能性（以下用 M1-7 来作为可能性的标识）。

M1-7：AR 学习材料的注释方式和被试者的学习风格存在不同的匹配特征，"文+声"注释方式更有利于听觉型而非视觉型被试者对知识的迁移，"文"注释方式更有利于视觉型而非听觉型被试者对知识的迁移，"声"注释方式更有利于听觉型而非视觉型被试者对知识的迁移。显然，符合学习者学习风格偏好的注释方式更有利于提升 AR 学习的迁移测验成绩和总测验成绩。

综上所述，A 画面中"文""声"要素注释的不同方式（文、声、文+声）与学习者学习风格的不同类型（视觉型、听觉型）在认知负荷（外在认知负荷）、学习成绩（迁移测验成绩、总测验成绩）方面存在显著交互作用，对于其他学习效果指标则无显著交互作用，部分验证了实验假设 H1-3。

4. 实验结论

根据以上分析，实验假设 H1-1、H1-2、H1-3 均得到了部分验证，说明实验假设 H1 部分成立。

将前文提到的 7 种可能性（M1-1～M1-7）进行分析对比，可得到如表 7-8 所示的结果。

表 7-8 可能性 M1-1～M1-7 之分析对比

可能性	核心观点
M1-1	在注释方式中，"声"比"文"更有利于 AR 学习
M1-2	在注释方式中，"文"比"声"更有利于 AR 学习
M1-3	在注释方式中，"文""文+声"比"声"更有利于 AR 学习
M1-4	在注释方式中，"文+声"比"声"更有利于 AR 学习
M1-5	在 AR 学习中，听觉型学习者的表现可能优于/劣于视觉型学习者
M1-6	"声"注释方式更适合听觉型学习者，"文+声"注释方式更适合视觉型学习者
M1-7	"声"注释方式更适合听觉型学习者，"文"注释方式更适合视觉型学习者，"文+声"注释方式更适合听觉型学习者

由表 7-8 可知，M1-1 与 M1-2、M1-3、M1-4 存在明显矛盾，需将 M1-1 舍弃。M1-6 与 M1-7 存在部分冲突，需将冲突部分舍弃。由此，综合 M1-2～M1-7 中具有一致性的核心观点，可得到本实验的实验结论如下。

在 A 画面不同的注释方式中，"声"是一种明显劣于"文""文+声"的注释方式，具体表现为："声"注释方式难以将学习者的注意力集中到 AR 画面当中，容易给学习者增加不必要的认知负荷，进而阻碍学习者对于知识的迁移。"文"和"文+声"注释方式之间的优劣暂时难以确定。

在不同学习风格的学习者当中，听觉型学习者相比视觉型学习者对于 AR 学习材料的适应性更差,具体表现为:听觉型学习者对 AR 学习材料有更高的感知难度,其在学习过程中,需要占用大量的工作记忆资源来临时构建学习材料与大脑中储存图式之间的关系。

注释方式与学习风格存在一定的交互作用,一般而言,符合学习者学习风格偏好的注释方式更有利于降低学习者工作记忆中的无效认知负荷,节省更多的工作记忆资源来对学习材料进行深度加工,进而促进学习者对知识的迁移。

三、实验 2:A 画面中"图"要素的"维度"与学习者空间能力对 AR 学习效果的影响研究

(一)实验背景

本实验是对命题 10 的验证。

科学学科中常常存在各种各样复杂的空间关系(如化学中的键长与键角),对学习者的空间认知能力提出了更高的要求。传统的材料画面常常以二维平面来展示物质的空间结构,这一形式一方面受呈现媒介尺寸影响较大,另一方面也不符合学习者的三维认知习惯。[①]

AR 允许学习者在真实的 3D 环境中操作虚拟模型,其与传统的基于 2D 的图形界面相比,操作更加自然和直观,学习者很容易通过旋转 AR 标记或移动物理相机来改变其视角[②]。

空间能力是智能的基本成分,是人们对客体或空间图形(任意维度)在头脑中进行识别、编码、贮存、表征、分解与组合、抽象与概括的能力[③],一般包括空间观察能力、空间记忆能力、空间想象能力和空间思维能力等。空间能力是影响学习效果的重要因素,现已得到许多研究者的重视。Plass 等认为,在多媒体环境下,学习者的空间能力会对学习产生重要影响,空间能力高的学习者比能力低的学习者成绩更好。

在空间能力方面,越来越多的研究表明,个体的行为和身体状态会影响这些能力的效率。一些关于心理旋转的研究表明,人们在解决复杂的心理旋转任务时,会做出一致的行为,这意味着空间技能是通过激活运动系统来构建或增强的。其他研究也显示了身体和空间技能之间类似的关系,包括透视、缩放、导航与定位[④]。由此可推测,3D 模型相比 2D 图片,在提升学习者空间能力方面具有优势。

对于 AR 画面而言,如何设置 A 画面中"图"要素的"维度"属性以适用于不同空间能力的学习者,值得进一步探究。例如,针对不同空间能力学习者,在进行注释时,应更多地采用 2D 图片还是 3D 模型?从节约成本和适应学习者两方面考虑,本实验着力探讨 2D 图片和 3D 模型针对不同空间能力学习者的学习效果,以此提出适合不同空间能力学习者的"维度"设计方案。

(二)实验目的

研究 A 画面中"图"要素的"维度"与学习者空间能力对 AR 学习效果的影响。

---

① 刘潇, 王志军, 曹晓静, 等. AR 技术促进科学教育的实验研究[J]. 实验室研究与探索, 2019, (08):179-183, 208.

② C H Teng, SS Peng. Augmented-Reality-Based 3D Modeling System Using Tangible Interface[J]. Sensors and Materials, 2017, 29(11):1545-1554.

③ 李寿欣, 周颖萍. 个体认知方式与材料复杂性对视空间工作记忆的影响[J]. 心理学报, 2006, 38(04):523-531.

④ P G Clifton, J S K Chang, G Yeboah, et al. Design of embodied interfaces for engaging spatial cognition[J]. Cognitive Research: Principles and Implications, 2016.

（三）实验假设

1. 总假设

H2：A画面中"图"要素的不同维度（2D图片、3D模型）与学习者空间能力（低空间能力、高空间能力）的不同组合对AR学习效果（眼动指标、认知负荷、学习动机、学习成绩）的影响存在显著差异。

2. 分假设

H2-1：A画面中"图"要素的不同维度（2D图片、3D模型）对AR学习效果（眼动指标、认知负荷、学习动机、学习成绩）的影响存在显著差异。

H2-2：学习者空间能力的不同水平（低空间能力、高空间能力）对AR学习效果（眼动指标、认知负荷、学习动机、学习成绩）的影响存在显著差异。

H2-3：A画面中"图"要素的不同维度（2D图片、3D模型）与学习者空间能力的不同水平（低空间能力、高空间能力）存在显著交互作用。

（四）实验设计及变量

本实验采用2（A画面中"图"要素的不同维度）×2（学习者空间能力）实验设计。

实验变量包括自变量、因变量和无关变量三类。

自变量：①A画面中"图"要素的不同维度，属于被试内变量，具有"2D图片""3D模型"两个水平。2D图片：扫描文字，屏幕上呈现2D图片对文字加以注释；3D模型：扫描文字，屏幕上呈现3D模型对文字加以注释。②学习者空间能力属于被试间变量，分为低空间能力和高空间能力两个水平。低空间能力：在空间能力测试中，回答正确题目在0~5题之间的学习者；高空间能力：在空间能力测试中，回答正确题目在6~10题之间的学习者。

因变量：①眼动指标为总注视时间、总注视次数、平均注视点持续时间、瞳孔直径。②认知负荷为内在认知负荷、外在认知负荷、关联认知负荷、总认知负荷。③学习动机为注意、关联、自信、满意、总动机。④学习成绩为保持测验成绩、迁移测验成绩、总测验成绩。

无关变量：实验者的偏向、被试者态度的变化、被试者学习时间的差异、迁移对实验结果的影响等。本研究中无关变量的控制方式包括：主试人员固定、实验流程讲解详细、严格控制实验时长等。

（五）被试选择

从T大学本科生中招募自愿参加实验的被试者，对其进行空间能力测试，根据测试的结果，筛选出60名学生（年龄在18~23岁区间）参加实验，将其按照空间能力分为低空间能力组和高空间能力组2个组别，每组30人。然后，将这2组被试各自随机划分为2组，由此共得到4组被试，分别为"2D图片—低空间能力"组、"2D图片—高空间能力"组、"3D模型—低空间能力"组、"3D模型—高空间能力"组，每组15人。每组被试者在实验结束时均得到一定的报酬。

（六）学习及测试材料

1. AR学习材料

AR学习材料采用"AR/VR云设计"制作平台进行开发。学习材料的主题为"烷烃结构",内容参考自"百度百科"。学习者需重点学习的内容为:甲烷、乙烷、丙烷、丁烷的基本结构、同系物和同分异构体的特点、同分异构体的命名特征。

学习材料以彩色打印纸为主要载体。纸介质上呈现关于烷烃结构的文字介绍,被试用移动设备扫描文字后,可以获得关于与该段文字相对应的"图"注释信息。"图"的类型有两种。①2D 图片:2D 图片呈现烷烃结构,被试可以观察该图片,且可对 2D 图片执行移动、旋转、缩放等操作;②3D 模型:3D 模型呈现烷烃结构,被试可以观察该模型,且可以对 3D 模型执行移动、旋转、缩放等操作。两种图注释的 AR 画面如图 7-3 所示。

(a)"2D 图片"注释 AR 画面   (b)"3D 模型"注释 AR 画面

图 7-3 实验 2 两种"图"注释的 AR 画面

上述 AR 画面均由移动端呈现给学习者,学习者可以在规定的时间内,自主控制学习的顺序和进度。

2. 空间能力测试题

空间能力测试改编自范登堡(Vandenberg)的标准 MRT 心理旋转测试。MRT 测试共包含 20 道题目,每道题包括 1 个标准图和 4 个测试图。在 4 个测试图中有 2 个正确图可以由标准图旋转而得到,另外 2 个错误图则不可。测试要求被试者在规定的时间内将正确图准确、完整地找出。该测试的再测可靠度为 0.83,信度较高。[①]

本研究考虑到 20 道题容易给被试造成疲惫感,因此特地招募 60 名学生进行了预测试,根据作答结果,选择出 10 道区分度较高的题目,用于本实验的空间能力测试(见附录 C)。计分标准设置如下:每道题 1 分,只有准确无误地将 2 个正确图选出才可得分,少选、多选或错选均不得分。最后依据 10 道题目的总成绩将被试者划分为两种类型:0~5 分为低空间能力学习者,6~10 分为高空间能力学习者。

3. 先前知识测验题

"烷烃结构"的先前知识测验题由两部分组成,第一部分是主观评定题,共 4 道题;第二部分是客观测试题,共 1 道。第一部分的 4 道题用于了解被试对学习主题的熟悉程度,每题 1 分。第二部分的 1 道题考查被试者对主题知识的掌握情况,共有 6 个知识点,每个知识

---

① S G Vandenberg, AR Kuse. Mental Rotations, A Group Test of Three-Dimensional Spatial Visualization[J]. Perceptual and Motor Skills, 1978, 47:599-604.

点1分，答对1个计1分。两个部分的先前知识测验题共计10分，被试者前测成绩若高于5分，则被视为高知识基础被试者，将其剔除。

4. 学习动机自评量表

学习动机自评量表根据Keller的IMMS学习动机量表而改编（见附录D）。

5. 认知负荷自评量表

认知负荷自评量表选用林立甲等采用的认知负荷量表（见附录E）。

6. 学习效果测验材料

保持测验的目的在于考察被试者对学习材料的识记、保持或再认能力。保持测验由5道题组成，包含3道单选题、1道填空题和1道判断题，每题2分，共计10分。保持测验的答案能够直接从材料中获得。

迁移测验的目的是考察被试者根据学习材料应用到新的情境中解决问题的能力。迁移测验由7道题组成，包含6道单选题和1道判断题。单选题每题2分，判断题3分，共计15分。迁移测验的答案需要靠学习者整合所学知识推断获得。

试题数据经过了信度检验，Cronbach's Alpha值为0.812，符合α信度系数不低于0.6的要求。

所有测验题目要求被试者严格按顺序完成，答题一次性完成，不得中途修改答案。

（七）实验设备

实验的设备包括：①平板电脑1部，用于呈现AR效果，型号为小米平板MI PAD 4；②眼镜式眼动仪一套，硬件设备选用SIM Glass眼动仪，软件设备选用BeGaze分析软件用于数据处理。

（八）实验过程

同实验1。

（九）数据统计

同实验1。

1. 先前测验成绩分析

对各组别先前测验成绩进行随机区组设计方差分析后，得到如表7-9所示的结果。

表7-9为描述性统计结果，显示各组别前测成绩平均值在1.45~2.18区间，较为接近。

表7-9 实验2先前知识测验成绩（M±SD）

维度设置	空间能力	N	先前知识测验成绩
2D图片	低空间能力	15	1.83±1.38
	高空间能力	15	2.18±1.33
3D模型	低空间能力	15	1.45±1.28
	高空间能力	15	1.72±1.39

主效应模型检验结果显示，校正模型统计量 $F=0.703$，$P=0.554$（大于 0.05），模型不具有统计学意义，说明各组被试者在学习 AR 材料前的知识水平基本一致。

2. 眼动指标分析

对各组别眼动指标进行随机区组设计方差分析后，得到如表 7-10 所示的描述性结果。

表 7-10 实验 2 不同实验组眼动指标（M±SD）

维度设置	空间能力	N	总注视时间（ms）	总注视次数（n）	平均注视持续时间（ms）	瞳孔直径（mm）
2D 图片	低空间能力	15	260188±74755	1215±78	213±35	3.94±0.47
	高空间能力	15	227210±61169	1058±78	217±42	3.93±0.54
3D 模型	低空间能力	15	270532±75251	1234±78	226±43	4.08±0.68
	高空间能力	15	269358±79680	1103±78	247±57	3.96±0.59

（1）总注视时间分析

在不同维度设置和不同空间能力的条件下，学习者的总注视时间存在差异。按照总注视时间由长到短的顺序，可得到各组别的排序结果：3D 模型+低空间能力>3D 模型+高空间能力>2D 图片+低空间能力>2D 图片+高空间能力。

进一步利用随机区组设计方差分析对维度设置和空间能力影响总注视时间的主效应进行检验，发现校正模型统计量 $F=1.156$，$P=0.335>0.05$。其中，维度设置主效应不显著（$F=1.937$，$P=0.170>0.05$），空间能力主效应不显著（$F=0.820$，$P=0.369>0.05$），维度设置和空间能力的交互作用不显著（$F=0.711$，$P=0.403>0.05$）。

利用 LSD 法对不同维度设置不同空间能力组别的总注视时间进行成对比较后发现，从维度设置对总注视时间的影响来看，3D 模型（269945±13336）>2D 图片（243699±13336），两者不存在显著差异；从空间能力对总注视时间的影响来看，低空间能力（265360±13336）>高空间能力（248284±13336），两者不存在显著差异。

（2）总注视次数分析

在不同维度设置和不同空间能力的条件下，学习者用于加工 AR 学习材料的总注视次数存在差异。按照总注视次数排序由多到少的顺序，可得到各组别的排序结果：3D 模型+低空间能力>2D 图片+低空间能力>3D 模型+高空间能力>2D 图片+高空间能力。

进一步利用随机区组设计方差分析对维度设置和空间能力影响总注视次数的主效应进行检验，发现校正模型统计量 $F=1.207$，$P=0.316>0.05$。其中，维度设置主效应不显著（$F=0.174$，$P=0.678>0.05$），空间能力主效应不显著（$F=3.419$，$P=0.070>0.05$），维度设置和空间能力的交互作用不显著（$F=0.029$，$P=0.865>0.05$）。

利用 LSD 法对不同维度设置不同空间能力组别的总注视次数进行成对比较后发现，从维度设置对总注视次数的影响来看，3D 模型（1169±55）>2D 图片（1136±55），两者不存在显著差异；从空间能力对总注视次数的影响来看，低空间能力（1224±55）>高空间能力

（1081±55），两者不存在显著差异。

（3）平均注视持续时间分析

在不同维度设置和不同空间能力的条件下，学习者用于加工 AR 学习材料的平均注视持续时间存在差异。按照平均注视持续时间排序由长到短的顺序，可得到各组别的排序结果：3D 模型+高空间能力>3D 模型+低空间能力>2D 图片+高空间能力>2D 图片+低空间能力。

进一步利用随机区组设计方差分析对维度设置和空间能力影响平均注视持续时间的主效应进行检验，发现校正模型统计量 $F=1.680$，$P=0.182>0.05$。其中，维度设置主效应不显著（$F=3.369$，$P=0.072>0.05$），空间能力主效应不显著（$F=1.104$，$P=0.298>0.05$），维度设置和空间能力的交互作用不显著（$F=0.566$，$P=0.455>0.05$）。

利用 LSD 法对不同维度设置不同空间能力组别的平均注视持续时间进行成对比较后发现，从维度设置对平均注视持续时间的影响来看，3D 模型（236±8）>2D 图片（215±8），两者不存在显著差异；从空间能力对平均注视持续时间的影响来看，高空间能力（232±8）>低空间能力（219±8），两者不存在显著差异。

（4）瞳孔直径分析

在不同维度设置和不同空间能力的条件下，学习者用于加工 AR 学习材料的平均瞳孔直径存在差异。按照平均瞳孔直径排序由大到小的顺序，可得到各组别的排序结果：3D 模型+低空间能力>3D 模型+高空间能力>2D 图片+低空间能力>2D 图片+高空间能力。

进一步利用随机区组设计方差分析对维度设置和空间能力影响平均瞳孔直径的主效应进行检验，发现校正模型统计量 $F=0.213$，$P=0.887>0.05$。其中，维度设置主效应不显著（$F=0.296$，$P=0.589>0.05$），空间能力主效应不显著（$F=0.225$，$P=0.637>0.05$），维度设置和空间能力的交互作用不显著（$F=0.119$，$P=0.731>0.05$）。

利用 LSD 法对不同维度设置不同空间能力组别的平均瞳孔直径进行成对比较后发现，从维度设置对平均瞳孔直径的影响来看，3D 模型（4.02±0.11）>2D 图片（3.94±0.11），两者不存在显著差异；从空间能力对平均瞳孔直径的影响来看，低空间能力（4.01±0.11）>高空间能力（3.94±0.11），两者不存在显著差异。

3. 认知负荷分析

对各组别认知负荷测量结果进行随机区组设计方差分析后，得到如表 7-11 所示的描述性结果。

表 7-11 实验 2 不同实验组认知负荷测量结果（M±SD）

维度设置	空间能力	N	内在认知负荷	外在认知负荷	关联认知负荷	总认知负荷
2D 图片	低空间能力	15	4.47±2.56	4.47±2.72	3.87±2.64	12.80±7.56
	高空间能力	15	2.80±1.52	4.60±1.80	2.47±1.06	9.87±3.60
3D 模型	低空间能力	15	4.40±1.65	4.87±1.92	4.00±1.51	12.87±4.55
	高空间能力	15	2.80±1.97	4.07±2.15	2.60±1.50	9.47±5.00

（1）内在认知负荷分析

在不同维度设置和不同空间能力的条件下，学习者的内在认知负荷存在差异。按照内在认知负荷由高到低的顺序，可得到各组别的排序结果：2D 图片+低空间能力>3D 模型+低空间能力>3D 模型+高空间能力>2D 图片+高空间能力。

进一步利用随机区组设计方差分析对维度设置和空间能力影响内在认知负荷的主效应进行检验，发现校正模型统计量 $F=2.797$，$P=0.048<0.05$。其中，维度设置主效应不显著（$F=0.211$，$P=0.648>0.05$），空间能力主效应极其显著（$F=7.970$，$P=0.007<0.01$），维度设置和空间能力的交互作用不显著（$F=0.211$，$P=0.648>0.05$）。

利用 LSD 法对不同维度设置不同空间能力组别的内在认知负荷进行成对比较后发现，从维度设置对内在认知负荷的影响来看，2D 图片（3.63 ± 0.36）>3D 模型（3.40 ± 0.36），两者不存在显著差异；从空间能力对内在认知负荷的影响来看，低空间能力（4.23 ± 0.36）>高空间能力（2.80 ± 0.36），两者不存在显著差异。

（2）外在认知负荷分析

在不同维度设置和不同空间能力的条件下，学习者的外在认知负荷存在差异。按照外在认知负荷由高到低的顺序，可得到各组别的排序结果：3D 模型+低空间能力>2D 图片+低空间能力>2D 图片+高空间能力>3D 模型+高空间能力。

进一步利用随机区组设计方差分析对维度设置和空间能力影响外在认知负荷的主效应进行检验，发现校正模型统计量 $F=0.351$，$P=0.789>0.05$。其中，维度设置主效应不显著（$F=0.014$，$P=0.906>0.05$），空间能力主效应不显著（$F=0.351$，$P=0.556>0.05$），维度设置和空间能力的交互作用不显著（$F=0.688$，$P=0.410>0.05$）。

利用 LSD 法对不同维度设置不同空间能力组别的外在认知负荷进行成对比较后发现，从维度设置对外在认知负荷的影响来看，2D 图片（4.53 ± 0.40）>3D 模型（4.47 ± 0.40），两者不存在显著差异；从空间能力对外在认知负荷的影响来看，低空间能力（4.67 ± 0.40）>高空间能力（4.33 ± 0.40），两者不存在显著差异。

（3）关联认知负荷分析

在不同维度设置和不同空间能力的条件下，学习者的关联认知负荷存在差异。按照关联认知负荷由高到低的顺序，可得到各组别的排序结果：3D 模型+低空间能力>2D 图片+低空间能力>3D 模型+高空间能力>2D 图片+高空间能力。

进一步利用随机区组设计方差分析对维度设置和空间能力影响关联认知负荷的主效应进行检验，发现校正模型统计量 $F=3.128$，$P=0.033<0.05$。其中，维度设置主效应不显著（$F=0.084$，$P=0.773>0.05$），空间能力主效应极其显著（$F=9.298$，$P=0.003<0.01$），维度设置和空间能力的交互作用不显著（$F=0.000$，$P=1.000>0.05$）。

利用 LSD 法对不同维度设置不同空间能力组别的关联认知负荷进行成对比较后发现，从维度设置对关联认知负荷的影响来看，3D 模型（3.30 ± 0.33）>2D 图片（3.17 ± 0.33），两者不存在显著差异；从空间能力对关联认知负荷的影响来看，低空间能力（3.93 ± 0.33）>高空间能力（2.53 ± 0.28），两者存在极其显著差异。

（4）总认知负荷分析

在不同维度设置和不同空间能力的条件下，学习者的总认知负荷存在差异。按照总认知负荷由高到低的顺序，可得到各组别的排序结果：3D模型+低空间能力>2D图片+低空间能力>2D图片+高空间能力>3D模型+高空间能力。

进一步利用随机区组设计方差分析对维度设置和空间能力影响总认知负荷的主效应进行检验，发现校正模型统计量$F=1.746$，$P=0.168>0.05$。其中，维度设置主效应不显著（$F=0.014$，$P=0.905>0.05$），空间能力主效应显著（$F=5.194$，$P=0.026<0.05$），维度设置和空间能力的交互作用不显著（$F=0.028$，$P=0.867>0.05$）。

利用LSD法对不同维度设置不同空间能力组别的关联认知负荷进行成对比较后发现，从维度设置对总认知负荷的影响来看，2D图片（11.33±0.98）>3D模型（11.27±0.98），两者不存在显著差异；从空间能力对总认知负荷的影响来看，低空间能力（12.83±0.98）>高空间能力（9.67±0.98），两者存在极其显著差异。

4. 学习动机分析

对各组别学习动机测量结果进行随机区组设计方差分析后，得到如表7-12所示的描述性结果。

表7-12 实验2不同实验组学习动机测量结果（M±SD）

维度设置	空间能力	N	注意动机	关联动机	自信动机	满意动机	总动机
2D图片	低空间能力	15	10.20±2.57	9.47±1.85	10.20±2.31	10.13±2.47	40.00±8.17
	高空间能力	15	9.67±3.31	9.07±2.79	10.73±1.75	11.00±2.33	40.47±9.49
3D模型	低空间能力	15	11.33±1.91	10.87±2.39	10.80±1.61	11.20±1.70	44.20±6.00
	高空间能力	15	12.13±1.68	11.20±1.52	11.67±1.59	12.13±1.64	47.13±5.64

（1）注意动机分析

在不同维度设置和不同空间能力的条件下，学习者的注意动机存在差异。按照注意动机由高到低的顺序，可得到各组别的排序结果：3D模型+高空间能力>3D模型+低空间能力>2D图片+低空间能力>2D图片+高空间能力。

进一步利用随机区组设计方差分析对维度设置和空间能力影响注意动机的主效应进行检验，发现校正模型统计量$F=3.078$，$P=0.035<0.05$。其中，维度设置主效应极其显著（$F=8.081$，$P=0.006<0.01$），空间能力主效应不显著（$F=0.044$，$P=0.834>0.05$），维度设置和空间能力的交互作用不显著（$F=1.108$，$P=0.297>0.05$）。

利用LSD法对不同维度设置不同空间能力组别的注意动机进行成对比较后发现，从维度设置对注意动机的影响来看，3D模型（11.73±0.45）>2D图片（9.93±0.45），两者存在极其显著差异；从空间能力对注意动机的影响来看，高空间能力（10.90±0.45）>低空间能力（10.77±0.45），两者不存在显著差异。

（2）关联动机分析

在不同维度设置和不同空间能力的条件下，学习者的关联动机存在差异。按照关联动机由高到低的顺序，可得到各组别的排序结果：3D模型+高空间能力>3D模型+低空间能力>2D

图片+低空间能力>2D 图片+高空间能力。

进一步利用随机区组设计方差分析对维度设置和空间能力影响关联动机的主效应进行检验，发现校正模型统计量 $F=3.392$，$P=0.024<0.05$。其中，维度设置主效应极其显著（$F=9.753$，$P=0.003<0.01$），空间能力主效应不显著（$F=0.003$，$P=0.953>0.05$），维度设置和空间能力的交互作用不显著（$F=0.420$，$P=0.520>0.05$）。

利用 LSD 法对不同维度设置不同空间能力组别的关联动机进行成对比较后发现，从维度设置对关联动机的影响来看，3D 模型（11.03 ± 0.40）>2D 图片（9.27 ± 0.40），两者存在极其显著差异；从空间能力对关联动机的影响来看，高空间能力（10.17 ± 0.40）>低空间能力（10.13 ± 0.40），两者不存在显著差异。

（3）自信动机分析

在不同维度设置和不同空间能力的条件下，学习者的自信动机存在差异。按照自信动机由高到低的顺序，可得到各组别的排序结果：3D 模型+高空间能力>3D 模型+低空间能力>2D 图片+高空间能力>2D 图片+低空间能力。

进一步利用随机区组设计方差分析对维度设置和空间能力影响自信动机的主效应进行检验，发现校正模型统计量 $F=1.637$，$P=0.191>0.05$。其中，维度设置主效应不显著（$F=2.611$，$P=0.112>0.05$），空间能力主效应不显著（$F=2.177$，$P=0.146>0.05$），维度设置和空间能力的交互作用不显著（$F=0.123$，$P=0.727>0.05$）。

利用 LSD 法对不同维度设置不同空间能力组别的自信动机进行成对比较后发现，从维度设置对自信动机的影响来看，3D 模型（11.23 ± 0.34）>2D 图片（10.47 ± 0.34），两者不存在显著差异；从空间能力对自信动机的影响来看，高空间能力（11.20 ± 0.34）>低空间能力（10.50 ± 0.34），两者不存在显著差异。

（4）满意动机分析

在不同维度设置和不同空间能力的条件下，学习者的满意动机存在差异。按照满意动机由高到低的顺序，可得到各组别的排序结果：3D 模型+高空间能力>3D 模型+低空间能力>2D 图片+高空间能力>2D 图片+低空间能力。

进一步利用随机区组设计方差分析对维度设置和空间能力影响满意动机的主效应进行检验，发现校正模型统计量 $F=2.359$，$P=0.081>0.05$。其中，维度设置主效应显著（$F=4.237$，$P=0.044<0.05$），空间能力主效应不显著（$F=2.837$，$P=0.098>0.05$），维度设置和空间能力的交互作用不显著（$F=0.004$，$P=0.950>0.05$）。

利用 LSD 法对不同维度设置不同空间能力组别的满意动机进行成对比较后发现，从维度设置对满意动机的影响来看，3D 模型（11.67 ± 0.38）>2D 图片（10.57 ± 0.38），两者不存在显著差异；从空间能力对满意动机的影响来看，高空间能力（11.57 ± 0.38）>低空间能力（10.67 ± 0.38），两者不存在显著差异。

（5）总动机分析

在不同维度设置和不同空间能力的条件下，学习者的总动机存在差异。按照总动机由高到低的顺序，可得到各组别的排序结果：3D 模型+高空间能力>3D 模型+低空间能力>2D 图片+高空间能力>2D 图片+低空间能力。

进一步利用随机区组设计方差分析对维度设置和空间能力影响总动机的主效应进行检

验，发现校正模型统计量 $F=3.022$，$P=0.037<0.05$。其中，维度设置主效应极其显著（$F=7.888$，$P=0.007<0.01$），空间能力主效应不显著（$F=0.772$，$P=0.383>0.05$），维度设置和空间能力的交互作用不显著（$F=0.406$，$P=0.526>0.05$）。

利用 LSD 法对不同维度设置不同空间能力组别的总动机进行成对比较后发现，从维度设置对总动机的影响来看，3D 模型（45.67 ± 1.37）>2D 图片（40.23 ± 1.37），两者存在极其显著差异；从空间能力对总动机的影响来看，高空间能力（43.80 ± 1.37）>低空间能力（42.10 ± 1.37），两者不存在显著差异。

5. 学习成绩分析

对各组别学习成绩进行随机区组设计方差分析后，得到如表 7-13 所示的描述性结果。

表 7-13 实验 2 不同实验组学习成绩（M±SD）

维度设置	空间能力	N	保持测验成绩	迁移测验成绩	总测验成绩
2D 图片	低空间能力	15	8.00±2.23	9.47±2.50	17.47±3.83
	高空间能力	15	9.67±0.49	10.20±2.21	20.27±2.02
3D 模型	低空间能力	15	8.93±1.16	9.87±2.33	18.80±2.88
	高空间能力	15	9.60±0.83	11.60±1.64	21.20±1.66

（1）保持测验成绩分析

在不同维度设置和不同空间能力的条件下，学习者的保持测验成绩存在差异。按照保持测验成绩由高到低的顺序，可得到各组别的排序结果：2D 图片+高空间能力>3D 模型+高空间能力>3D 模型+低空间能力>2D 图片+低空间能力。

进一步利用随机区组设计方差分析对维度设置和空间能力影响保持测验成绩的主效应进行检验，发现校正模型统计量 $F=4.945$，$P=0.004<0.05$。其中，维度设置主效应不显著（$F=1.548$，$P=0.219>0.05$），空间能力主效应极其显著（$F=11.224$，$P=0.001<0.01$），维度设置和空间能力的交互作用不显著（$F=2.062$，$P=0.157>0.05$）。

利用 LSD 法对不同维度设置不同空间能力组别的保持测验成绩进行成对比较后发现，从维度设置对保持测验成绩的影响来看，3D 模型（9.27 ± 0.25）>2D 图片（8.83 ± 0.25），两者不存在显著差异；从空间能力对保持测验成绩的影响来看，高空间能力（9.63 ± 0.25）>低空间能力（8.47 ± 0.25），两者存在极其显著差异。

（2）迁移测验成绩分析

在不同维度设置和不同空间能力的条件下，学习者的迁移测验成绩存在差异。按照迁移测验成绩由高到低的顺序，可得到各组别的排序结果："3D 模型+高空间能力">"2D 图片+高空间能力">"3D 模型+低空间能力">"2D 图片+低空间能力"。

进一步利用随机区组设计方差分析对维度设置和空间能力影响迁移测验成绩的主效应进行检验，发现校正模型统计量 $F=2.682$，$P=0.055>0.05$。其中，维度设置主效应不显著（$F=2.525$，$P=0.118>0.05$），空间能力主效应显著（$F=4.742$，$P=0.034<0.05$），维度设置和空间能力的交互作用不显著（$F=0.779$，$P=0.381>0.05$）。

利用 LSD 法对不同维度设置不同空间能力组别的迁移测验成绩进行成对比较后发现，从维度设置对迁移测验成绩的影响来看，"3D 模型"（10.73±0.40）>"2D 图片"（9.83±0.40），两者不存在显著差异；从空间能力对迁移测验成绩的影响来看，"高空间能力"（10.90±0.40）>"低空间能力"（9.67±0.40），两者存在显著差异。

（3）总测验成绩分析

在不同维度设置和不同空间能力的条件下，学习者的总测验成绩存在差异。按照总测验成绩由高到低的顺序，可得到各组别的排序结果："3D 模型+高空间能力" > "2D 图片+高空间能力" > "3D 模型+低空间能力" > "2D 图片+低空间能力"。

进一步利用随机区组设计方差分析对维度设置和空间能力影响总测验成绩的主效应进行检验，发现校正模型统计量 $F=5.422$，$P=0.002<0.05$。其中，维度设置主效应不显著（$F=2.584$，$P=0.114>0.05$），空间能力主效应极其显著（$F=13.602$，$P=0.001<0.01$），维度设置和空间能力的交互作用不显著（$F=0.080$，$P=0.778>0.05$）。

利用 LSD 法对不同维度设置不同空间能力组别的总测验成绩进行成对比较后发现，从维度设置对总测验成绩的影响来看，3D 模型（20.00±0.50）>2D 图片（18.87±0.50），两者不存在显著差异；从空间能力对总测验成绩的影响来看，高空间能力（20.73±0.50）>低空间能力（18.13±0.50），两者存在极其显著差异。

（十）结果讨论

依据本实验的实验假设 H2，结合数据统计结果，下面分别针对实验假设 H2-1、H2-2、H2-3 是否成立进行讨论，以期得到较为全面的实验结论。

1. 关于实验假设 H2-1 是否成立的讨论

H2-1 指出，A 画面中"图"要素的不同维度（2D 图片、3D 模型）对 AR 学习效果（学习动机、眼动指标、认知负荷、学习成绩）的影响存在显著差异。根据主效应分析及 LSD 测量结果可发现（仅筛选具有显著和极其显著差异水平的指标项）如下情况。

不同维度设置对学习动机的影响：①在注意动机方面，3D 模型极其显著高于 2D 图片；②在关联动机方面，3D 模型极其显著高于 2D 图片；③在满意动机方面，3D 模型极其显著高于 2D 图片；④在总动机方面，3D 模型极其显著高于 2D 图片。

这些结果产生的原因包含一种可能性（以下用 M2-1 来作为可能性的标识）如下情况。

M2-1：在 AR 学习材料中，接近于真实物体的 3D 模型相比传统的 2D 图片，可以迅速吸引被试有意识的选择性注意，因而注意动机提高。3D 模型相比 2D 图片与被试的已有经验更加相符，因而关联动机提高。被试通过操纵 3D 模型可以获得更加符合自身学习期望的学习结果，因而满意动机提高。

综上所述，A 画面中"图"要素的不同维度会对 AR 学习过程中的学习动机（注意动机、关联动机、满意动机、总动机）形成具有显著差异的影响，对于其他学习效果指标则无显著差异影响，部分验证了实验假设 H2-1。

2. 关于实验假设 H2-2 是否成立的讨论

H2-2 指出，学习者空间能力的不同水平（低空间能力、高空间能力）对 AR 学习效果（学习动机、眼动指标、认知负荷、学习成绩）的影响存在显著差异。根据主效应分析及

LSD 测量结果可发现（仅筛选具有显著和极其显著差异水平的指标项）如下情况。

（1）不同空间能力对认知负荷的影响

①在内在认知负荷方面，低空间能力极其显著高于高空间能力；②在关联认知负荷方面，低空间能力极其显著高于高空间能力；③在总认知负荷方面，低空间能力极其显著高于高空间能力。

这些结果产生的原因包含一种可能性（以下用 M2-2 来作为可能性的标识）：

M2-2：在学习具有空间特征的事物时，低空间能力被试者相比高空间能力被试者感知到更高的任务要求和任务难度，其要想理解学习材料中的知识，必须付出更多的努力，因而内在认知负荷、关联认知负荷和总认知负荷均较高。

（2）不同空间能力对学习成绩的影响

①在保持测验成绩方面，高空间能力极其显著高于低空间能力；②在迁移测验成绩方面，高空间能力极其显著高于低空间能力；③在总测验成绩方面，高空间能力极其显著高于低空间能力。

这些结果产生的原因包含一种可能性（以下用 M2-3 来作为可能性的标识）。

M2-3：无论是在 2D 图片还是在 3D 模型的条件下，高空间能力被试都能凭借自身强大的心理旋转能力实现对具有空间特征的事物的理解，低空间能力被试则不具备这一优势，因而高空间能力被试者在保持测验成绩和迁移测验成绩上均优于低空间能力被试者。

综上所述，学习者学习风格的不同类型会对 AR 学习过程中的认知负荷（内在认知负荷、关联认知负荷）、学习成绩（保持测验成绩、迁移测验成绩、总测验成绩）形成具有显著差异的影响，对于其他学习效果指标则无显著差异影响，部分验证了实验假设 H2-2。

3. 关于实验假设 H2-3 是否成立的讨论

H2-3 指出，A 画面中"图"要素的不同维度（2D 图片、3D 模型）与学习者空间能力的不同水平（低空间能力、高空间能力）存在显著交互作用。根据交互分析可发现（仅筛选具有显著和极其显著差异水平的指标项）：维度设置与空间能力在任何指标上都不存在显著交互作用。

综上所述，A 画面中"图"要素的不同维度与学习者空间能力的不同水平在眼动指标、认知负荷、学习动机、学习成绩各指标方面均不存在显著交互作用，未能验证实验假设 H2-3。

4. 实验结论

根据以上分析，实验假设 H2-1、H2-2 均得到了部分验证，H2-3 未得到验证，说明实验假设 H2 部分成立。

将前文提到的三种可能性（M2-1~M2-3）进行分析对比，可得到如表 7-14 所示的结果。

表 7-14 可能性 M2-1~M2-3 之分析对比

可能性	核心观点
M2-1	在维度设置方面，3D 模型比 2D 图片更有利于 AR 学习
M2-2	在学习具有空间特征的事物时，高空间能力学习者的适应性优于低空间能力学习者
M2-3	在学习具有空间特征的事物时，高空间能力学习者的适应性优于低空间能力学习者

由表 7-14 可知，M2-1、M2-2、M2-3 并不存在矛盾。由此，综合 M2-1~M2-3 中具有一致性的核心观点，可得到本实验的实验结论：

● 在 A 画面"图"要素不同的维度设置中，3D 模型是一种明显优于 2D 图片的维度设置方式，具体表现为：3D 模型相比 2D 图片更接近于学习者对于真实事物的认知，可以迅速吸引学习者的注意并产生注意动机，由注意动机引起关联动机、满意动机，进而促进学习者对于知识的迁移。

● 在不同空间能力的学习者当中，低空间能力学习者相比高空间能力学习者对于具有空间结构特征的学习内容适应性更差，具体表现为：低空间能力学习者难以凭借自身的心理旋转能力将学习内容由平面转化为立体，因此其在面对具有空间结构特征的学习内容时，往往感到任务繁重，必须要付出足够的努力才能实现对知识的理解，造成内在认知负荷和关联认知负荷的提升，降低了保持测验成绩和迁移测验成绩。

● 维度设置与空间能力不存在交互作用。一般而言，在维度设置一致的前提下，高空间能力学习者的学习效果优于低空间能力学习者；在空间能力一致的前提下，使用"3D 模型"的学习效果优于使用 2D 模型。

四、实验 3：A 画面中"文"要素的呈现位置与呈现设备对 AR 学习效果的影响研究

（一）实验背景

本实验是对命题 14 的验证。

研究表明，当相关信息在空间或时间上相互接近时，学习者的学习能力会得到提高。一般来说，学习环境应该关注于调用与学习活动相关的认知过程，减少会增加认知负荷的无关任务；当教学信息呈现在学习者注意力不集中的地方，或者在学习者不思考相关内容的时候，就会产生额外的认知负荷。这种情况分散了学习者的注意力，要求学习者在心理上将零散的信息联系起来，从而增加了额外的工作量，降低了对手头任务的工作记忆能力[1]。因此，Mayer 提出了多媒体学习的"空间接近原则（Spatial Contiguity Principle）"：书页或屏幕上的对应语词与画面邻近呈现比隔开呈现能使学习者学得更好。为验证该原则的稳定性，王玉鑫等[2]对近 10 年的相关研究进行了元分析，发现空间邻近组在保持测验和迁移测验成绩上均显著高于空间远离组，主观认知负荷显著低于空间远离组，学习环境（纸质、电子）对空间邻近效应的调节作用显著。在 AR 材料方面，藤本（Fujimoto）等[3]研究了怎样的 AR 注释方式（在目标对象附近呈现、在目标对象随机位置呈现、在目标对象固定位置呈现）可以减轻记忆任务，发现邻近呈现方式的保持记忆耗时较短，更有利于知识的迁移。

空间是复杂多样的存在，然而，在传统多媒体学习中，空间概念的表达是以虚拟画面对真实空间的模仿而实现的，资源画面只能以多变的形式去适应画框不变的长宽比，空间被局限于二维平面当中，学习者在被动的状态下形成对空间概念的片面认知。因此，传统多媒体

① K R Bujak, I Radu, R Catrambone, et al. A psychological perspective on augmented reality in the mathematics Classroom[J]. Computers & Education, 2013, 68：536-544.

② 王玉鑫, 谢和平, 王福兴, 等. 多媒体学习的图文整合：空间邻近效应的元分析[J]. 心理发展与教育, 2016, (05)：565-578.

③ Y Fujimoto, G Yamamoto, T Taketomi, et al. Relationship between features of augmented reality and user memorization[C]. Augmented Human International Conference, 2012.

学习中的空间邻近效应实际上针对的是消解了部分维度的、只包含 x、y 坐标的平面空间。AR 学习则不同，其资源画面是将 A 画面（起增强作用的虚拟画面）叠加于 R 画面（通过对现实世界的摄取得到的画面）上而形成的，虚拟画面与真实空间融合成为新的空间综合体，学习者通过操纵画框产生与真实空间的相对运动，在不同的视角下形成对空间概念的完整认知。因此，AR 学习所强调的"空间"应当是包含了全部维度的多维空间，A 画面与 R 画面应在 x、y、z 三大坐标上实现完整的关联匹配。显然，在空间更为复杂、学习者更具主动性的情况下，空间邻近效应能否优化学习者在 AR 学习中形成的认知负荷，进而指导 AR 学习资源的画面设计，有待探讨。[①]本实验是对空间接近原则的再验证。同时，考虑到鲜少有研究对该原则在不同屏幕尺寸呈现设备上的适用性进行说明，本实验着重探讨呈现位置与呈现设备的交互作用对 AR 学习效果的影响，尝试通过对数据的分析，提出适合不同呈现设备的呈现位置设计方案。

（二）实验目的

研究 A 画面中"文"要素的呈现位置与呈现设备对 AR 学习效果的影响。

（三）实验假设

1. 总假设

H3：A 画面中"文"要素的不同呈现位置（邻近位置、随机位置、固定位置）与呈现设备（智能手机、平板电脑）的不同组合对 AR 学习效果（眼动指标、认知负荷、学习动机、学习成绩）的影响存在显著差异。

2. 分假设

H3-1：A 画面中"文"要素的不同呈现位置（邻近位置、随机位置、固定位置）对 AR 学习效果（眼动指标、认知负荷、学习动机、学习成绩）的影响存在显著差异。

H3-2：呈现设备的不同水平（智能手机、平板电脑）对 AR 学习效果（眼动指标、认知负荷、学习动机、学习成绩）的影响存在显著差异。

H3-3：A 画面中"文"要素的不同呈现位置（邻近位置、随机位置、固定位置）与呈现设备的不同水平（智能手机、平板电脑）存在显著交互作用。

（四）实验设计及变量

本实验采用 3（A 画面中"文"要素的不同呈现位置）×2（呈现设备）实验设计。

实验变量包括自变量、因变量和无关变量三类。

● 自变量：①A 画面中"文"要素的不同呈现位置，属于被试内变量，分为邻近位置、随机位置和固定位置三种情况。邻近位置：点击 R 画面指定点，屏幕在邻近该点的位置呈现相应的文字注释信息；随机位置：点击 R 画面指定点，屏幕在邻近或远离该点的随机位置呈现相应的文字注释信息；固定位置：点击 R 画面指定点，屏幕在远离该点的固定位置呈现相应的文字注释信息。②呈现设备，属于被试内变量，分为智能手机、平板电脑两种。智能手机：采用 Redmi 4×型号智能手机，屏幕尺寸为 5 英寸；平板电脑：采用 MI PAD 4 型号平板电脑，屏幕尺寸为 8 英寸。

---

① 刘潇, 王志军. 空间邻近效应如何影响增强现实学习认知负荷[J]. 数字教育, 2021, (06): 39-45.

● 因变量：①眼动指标为总注视时间、总注视次数、平均注视点持续时间、瞳孔直径；②认知负荷为内在认知负荷、外在认知负荷、关联认知负荷、总认知负荷；③学习动机为注意、关联、自信、满意、总动机；④学习成绩为保持测验成绩、迁移测验成绩、总测验成绩。

● 无关变量：实验者的偏向、被试者态度的变化、被试者学习时间的差异、迁移对实验结果的影响等。本研究中无关变量的控制方式包括：主试人员固定、实验流程讲解详细、严格控制实验时长等。

（五）被试选择

从 T 大学本科生中招募自愿参加实验的被试者，筛选出年龄在 18~23 岁区间的 90 名学生参加实验，将其随机分为智能手机组和平板电脑组 2 个组别，每组 45 人。然后，将这 2 组被试者各自随机划分为 3 组，由此共得到 6 组被试，分别为"邻近位置—智能手机"组、"邻近位置—平板电脑"组、"随机位置—智能手机"组、"随机位置—平板电脑"组、"固定位置—智能手机"组和"固定位置—平板电脑"组，每组 15 人。每组被试者在实验结束时均得到一定的报酬。

（六）学习及测试材料

1. AR 学习材料

AR 学习材料采用"天眼 AR"制作平台进行开发。学习材料的内容参考自"世界热点国家地图—非洲地图"，该地图由中国地图出版社出版。学习者需重点学习的内容为：非洲国家的国名、概况和位置。

学习材料以彩色打印纸为主要载体。纸介质上呈现不含国名的非洲地图，被试用移动设备扫描图片后，可以看到 10 个红色符号标记，分别位于 10 个国家的轮廓图中，点击标记可以获得关于该国家的文字注释信息。文字的呈现位置有三种。①邻近位置：文字呈现在与所点击标记相邻近的位置；②随机位置：文字呈现在与所点击标记或邻近或远离的随机位置；③固定位置：文字呈现在与所点击标记相隔较远的固定位置。三种呈现位置的 AR 画面如图 7-4 所示。

上述 AR 画面均由移动端呈现给学习者，学习者可以在规定的时间内，自主控制学习的顺序和进度。

2. 先前知识测验题

"非洲地图"的先前知识测验题由两部分组成，第一部分是主观评定题，共 4 道题；第二部分是客观测试题，共 1 道。第一部分的 4 道题用于了解被试者对学习主题的熟悉程度，每题 1 分。第二部分的 1 道题考查被试者对主题知识的掌握情况，共有 6 个知识点，每个知识点 1 分，答对 1 个计 1 分。两个部分的先前知识测验题共计 10 分，被试前测成绩若高于 5 分，则被视为高知识基础被试者，将其剔除。

3. 学习动机自评量表

学习动机自评量表根据 Keller 的 IMMS 学习动机量表而改编（见附录 D）。

4. 认知负荷自评量表

认知负荷自评量表选用林立甲等人采用的认知负荷量表（见附录 E）。

5. 学习效果测验材料

保持测验的目的在于考察被试者对学习材料的识记、保持或再认能力。保持测验由 5 道题组成，包含 3 道多选题和 2 道填空题，每题 2 分，共计 10 分。保持测验的答案能够直接从材料中获得。

迁移测验的目的是考察被试者根据学习材料应用到新的情境中解决问题的能力。迁移测验由 6 道题组成，包含 4 道单选题、1 道判断题和 1 道简答题。单选题每题 2 分，判断题 4 分，简答题 3 分，共计 15 分。迁移测验的答案需要靠学习者整合所学知识推断获得。

试题数据经过了信度检验，Cronbach's Alpha 值为 0.874，符合 α 信度系数不低于 0.6 的要求。

所有测验题目要求被试者严格按顺序完成，答题一次性完成，不得中途修改答案。

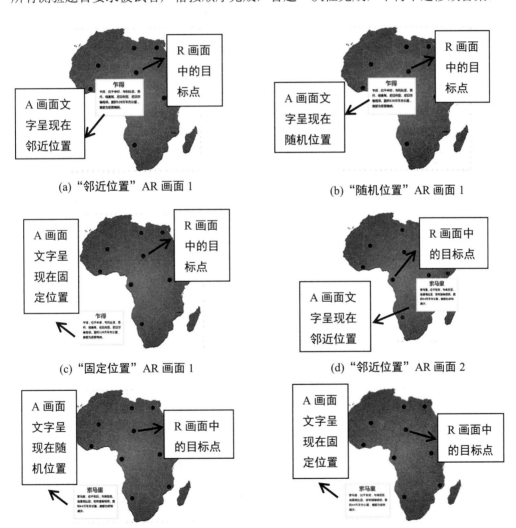

图 7-4 实验 3 三种文字呈现位置的 AR 画面

（七）实验设备

实验设备包括：①智能手机 1 部，用于呈现 AR 效果，型号为 Redmi 4×；②平板电脑 1 部，用于呈现 AR 效果，型号为 MI PAD 4；③眼镜式眼动仪一套，硬件设备选用 SIM Glass 眼动仪，软件设备选用 BeGaze 分析软件用于数据处理。

（八）实验过程

同实验 1。

（九）数据统计

同实验 1。

1. 先前测验成绩分析

对各组别先前测验成绩进行随机区组设计方差分析后，得到如表 7-15 所示的结果。

表 7-15 为描述性统计结果，显示各组别前测成绩平均值在 1.55~2.30 区间，较为接近。

表 7-15　实验 3 先前知识测验成绩（M±SD）

呈现位置	呈现设备	N	先前知识测验成绩
邻近位置	智能手机	15	1.87±1.56
	平板电脑	15	2.03±1.39
随机位置	智能手机	15	1.73±1.17
	平板电脑	15	2.30±1.32
固定位置	智能手机	15	2.02±1.47
	平板电脑	15	1.55±1.09

主效应模型检验结果显示，校正模型统计量 $F=0.566$，$P=0.725$（大于 0.05），模型不具有统计学意义，说明各组被试在学习 AR 材料前的知识水平基本一致。

2. 眼动指标分析

对各组别眼动指标进行随机区组设计方差分析后，得到如表 7-16 所示的描述性结果。

表 7-16　实验 3 不同实验组眼动指标（M±SD）

呈现位置	呈现设备	N	总注视时间（ms）	总注视次数（n）	平均注视持续时间（ms）	瞳孔直径（mm）
邻近位置	智能手机	15	316748±81945	1309±305	246±57	4.36±0.83
	平板电脑	15	344522±100751	1307±274	261±50	3.72±0.42
随机位置	智能手机	15	286745±71963	1205±272	239±46	4.56±0.43
	平板电脑	15	300530±78230	1344±359	231±44	4.29±0.87

呈现位置	呈现设备	N	总注视时间（ms）	总注视次数（n）	平均注视持续时间（ms）	瞳孔直径（mm）
固定位置	智能手机	15	274882±72001	1202±253	231±46	4.70±0.99
	平板电脑	15	292178±84546	1272±279	230±47	4.26±0.76

（1）总注视时间分析

在不同呈现位置和不同呈现设备的条件下，学习者的总注视时间存在差异。按照总注视时间由长到短的顺序，可得到各组别的排序结果：邻近位置+平板电脑>邻近位置+智能手机>随机位置+平板电脑>固定位置+平板电脑>随机位置+智能手机>固定位置+智能手机。

进一步利用随机区组设计方差分析对呈现位置和呈现设备影响总注视时间的主效应进行检验，发现校正模型统计量$F=1.374$，$P=0.243>0.05$。其中，呈现位置主效应不显著（$F=2.734$，$P=0.071>0.05$），呈现设备主效应不显著（$F=1.283$，$P=0.261>0.05$），呈现位置和呈现设备的交互作用不显著（$F=0.059$，$P=0.943>0.05$）。

利用 LSD 法对不同呈现位置不同呈现设备组别的总注视时间进行成对比较后发现，从呈现位置对总注视时间的影响来看，邻近位置（330635±14999）>随机位置（293632±14999）>固定位置（283530±14999），邻近位置与固定位置存在显著差异（$P=0.029<0.05$），邻近位置与随机位置不存在显著差异，随机位置与固定位置不存在显著差异；从呈现设备对总注视时间的影响来看，平板电脑（312407±12247）>智能手机（292791±12247），两者不存在显著差异。

（2）总注视次数分析

在不同呈现位置和不同呈现设备的条件下，学习者用于加工 AR 学习材料的总注视次数存在差异。按照总注视次数排序由多到少的顺序，可得到各组别的排序结果：随机位置+平板电脑>邻近位置+智能手机>邻近位置+平板电脑>固定位置+平板电脑>随机位置+智能手机>固定位置+智能手机。

进一步利用随机区组设计方差分析对呈现位置和呈现设备影响总注视次数的主效应进行检验，发现校正模型统计量$F=0.602$，$P=0.698>0.05$。其中，呈现位置主效应不显著（$F=0.439$，$P=0.646>0.05$），呈现设备主效应不显著（$F=1.267$，$P=0.264>0.05$），呈现位置和呈现设备的交互作用不显著（$F=0.433$，$P=0.650>0.05$）。

利用 LSD 法对不同呈现位置不同呈现设备组别的总注视次数进行成对比较后发现，从呈现位置对总注视次数的影响来看，邻近位置（1308±53）>随机位置（1274±53）>固定位置（1237±53），三者均不存在显著差异；从呈现设备对总注视次数的影响来看，平板电脑（1308±44）>智能手机（1239±44），两者不存在显著差异。

（3）平均注视持续时间分析

在不同呈现位置和不同呈现设备的条件下，学习者用于加工 AR 学习材料的平均注视持续时间存在差异。按照平均注视持续时间排序由长到短的顺序，可得到各组别的排序结果：邻近位置+平板电脑>邻近位置+智能手机>随机位置+智能手机>随机位置+平板电脑>固定位置+智能手机>固定位置+平板电脑。

　　进一步利用随机区组设计方差分析对呈现位置和呈现设备影响平均注视持续时间的主效应进行检验，发现校正模型统计量 $F=1.025$，$P=0.408>0.05$。其中，呈现位置主效应不显著（$F=2.091$，$P=0.130>0.05$），呈现设备主效应不显著（$F=0.049$，$P=0.826>0.05$），呈现位置和呈现设备的交互作用不显著（$F=0.446$，$P=0.642>0.05$）。

　　利用 LSD 法对不同呈现位置不同呈现设备组别的平均注视持续时间进行成对比较后发现，从呈现位置对平均注视持续时间的影响来看，邻近位置（254±9）>随机位置（235±9）>固定位置（231±9），三者不存在显著差异；从呈现设备对平均注视持续时间的影响来看，平板电脑（241±7）>智能手机（239±7），两者不存在显著差异。

　　（4）瞳孔直径分析

　　在不同呈现位置和不同呈现设备的条件下，学习者用于加工 AR 学习材料的平均瞳孔直径存在差异。按照平均瞳孔直径排序由大到小的顺序，可得到各组别的排序结果：固定位置+智能手机>随机位置+智能手机>邻近位置+智能手机>随机位置+平板电脑>固定位置+平板电脑>邻近位置+平板电脑。

　　进一步利用随机区组设计方差分析对呈现位置和呈现设备影响平均瞳孔直径的主效应进行检验，发现校正模型统计量 $F=3.034$，$P=0.014<0.05$。其中，呈现位置主效应不显著（$F=3.028$，$P=0.054>0.05$），呈现设备主效应极其显著（$F=8.138$，$P=0.005<0.01$），呈现位置和呈现设备的交互作用不显著（$F=0.487$，$P=0.616>0.05$）。

　　利用 LSD 法对不同呈现位置不同呈现设备组别的平均瞳孔直径进行成对比较后发现，从呈现位置对平均瞳孔直径的影响来看，固定位置（4.48±0.14）>随机位置（4.43±0.14）>邻近位置（4.04±0.14），邻近位置、固定位置存在显著差异（$P=0.027<0.05$），邻近位置、随机位置不存在显著差异，随机位置、固定位置不存在显著差异；从呈现设备对平均瞳孔直径的影响来看，智能手机（4.54±0.11）>平板电脑（4.09±0.11），两者存在极其显著差异。

　　3. 认知负荷分析

　　对各组别认知负荷测量结果进行随机区组设计方差分析后，得到如表 7-17 所示的描述性结果。

表 7-17 实验 3 不同实验组认知负荷测量结果（M±SD）

呈现位置	呈现设备	N	内在认知负荷	外在认知负荷	关联认知负荷	总认知负荷
邻近位置	智能手机	15	5.40±1.84	5.40±1.59	4.27±1.98	15.07±4.56
	平板电脑	15	5.73±1.16	5.27±1.33	4.60±2.06	15.60±3.29
随机位置	智能手机	15	6.27±1.39	6.67±1.40	4.07±1.67	17.00±3.64
	平板电脑	15	5.80±1.43	6.87±1.19	4.07±1.62	16.73±3.53
固定位置	智能手机	15	6.47±1.41	6.73±1.10	4.00±2.00	17.20±3.65
	平板电脑	15	6.07±0.70	6.33±0.72	4.07±1.33	16.47±1.77

（1）内在认知负荷分析

在不同呈现位置和不同呈现设备的条件下，学习者的内在认知负荷存在差异。按照内在认知负荷由高到低的顺序，可得到各组别的排序结果：固定位置+智能手机>随机位置+智能手机>固定位置+平板电脑>随机位置+平板电脑>邻近位置+平板电脑>邻近位置+智能手机。

进一步利用随机区组设计方差分析对呈现位置和呈现设备影响内在认知负荷的主效应进行检验，发现校正模型统计量 $F=1.196$，$P=0.318>0.05$。其中，呈现位置主效应不显著（$F=2.019$，$P=0.139>0.05$），呈现设备主效应不显著（$F=0.377$，$P=0.541>0.05$），呈现位置和呈现设备的交互作用不显著（$F=0.783$，$P=0.460>0.05$）。

利用 LSD 法对不同呈现位置不同呈现设备组别的内在认知负荷进行成对比较后发现，从呈现位置对内在认知负荷的影响来看，固定位置（6.27 ± 0.25）>随机位置（6.03 ± 0.25）>邻近位置（5.57 ± 0.25），三者不存在显著差异；从呈现设备对内在认知负荷的影响来看，智能手机（6.04 ± 0.21）>平板电脑（5.87 ± 0.21），两者不存在显著差异。

（2）外在认知负荷分析

在不同呈现位置和不同呈现设备的条件下，学习者的外在认知负荷存在差异。按照外在认知负荷由高到低的顺序，可得到各组别的排序结果：随机位置+平板电脑>固定位置+智能手机>随机位置+智能手机>固定位置+平板电脑>邻近位置+智能手机>邻近位置+平板电脑。

进一步利用随机区组设计方差分析对呈现位置和呈现设备影响外在认知负荷的主效应进行检验，发现校正模型统计量 $F=4.729$，$P=0.001<0.05$。其中，呈现位置主效应极其显著（$F=1.303$，$P=0.000<0.01$），呈现设备主效应不显著（$F=0.177$，$P=0.675>0.05$），呈现位置和呈现设备的交互作用不显著（$F=0.432$，$P=0.651>0.05$）。

利用 LSD 法对不同呈现位置不同呈现设备组别的外在认知负荷进行成对比较后发现，从呈现位置对外在认知负荷的影响来看，随机位置（6.77 ± 0.23）>固定位置（6.53 ± 0.23）>邻近位置（5.33 ± 0.23），邻近位置与随机位置存在极其显著差异（$P=0.000<0.01$），邻近位置与固定位置存在极其显著差异（$P=0.000<0.01$），随机位置与固定位置不存在显著差异；从呈现设备对外在认知负荷的影响来看，智能手机（6.27 ± 0.19）>平板电脑（6.16 ± 0.19），两者不存在显著差异。

（3）关联认知负荷分析

在不同呈现位置和不同呈现设备的条件下，学习者的关联认知负荷存在差异。按照关联认知负荷由高到低的顺序，可得到各组别的排序结果：邻近位置+平板电脑>邻近位置+智能手机>随机位置+智能手机>随机位置+平板电脑>固定位置+平板电脑>固定位置+智能手机。

进一步利用随机区组设计方差分析对呈现位置和呈现设备影响关联认知负荷的主效应进行检验，发现校正模型统计量 $F=0.237$，$P=0.945>0.05$。其中，呈现位置主效应不显著（$F=0.457$，$P=0.634>0.05$），呈现设备主效应不显著（$F=0.124$，$P=0.726>0.05$），呈现位置和呈现设备的交互作用不显著（$F=0.072$，$P=0.930>0.05$）。

利用 LSD 法对不同呈现位置不同呈现设备组别的关联认知负荷进行成对比较后发现，从呈现位置对关联认知负荷的影响来看，邻近位置（4.43 ± 0.33）>随机位置（4.07 ± 0.33）>固定位置（4.03 ± 0.33），三者不存在显著差异；从呈现设备对关联认知负荷的影响来看，平板电脑（4.24 ± 0.27）>智能手机（4.11 ± 0.27），两者不存在显著差异。

（4）总认知负荷分析

在不同呈现位置和不同呈现设备的条件下，学习者的总认知负荷存在差异。按照总认知负荷由高到低的顺序，可得到各组别的排序结果：固定位置+智能手机>随机位置+智能手机>随机位置+平板电脑>固定位置+平板电脑>邻近位置+平板电脑>邻近位置+智能手机。

进一步利用随机区组设计方差分析对呈现位置和呈现设备影响总认知负荷的主效应进行检验，发现校正模型统计量 $F=0.857$，$P=0.514>0.05$。其中，呈现位置主效应不显著（$F=1.870$，$P=0.160>0.05$），呈现设备主效应不显著（$F=0.044$，$P=0.834>0.05$），呈现位置和呈现设备的交互作用不显著（$F=0.250$，$P=0.779>0.05$）。

利用 LSD 法对不同呈现位置不同呈现设备组别的总认知负荷进行成对比较后发现，从呈现位置对总认知负荷的影响来看，随机位置（16.87 ± 0.64）>固定位置（16.83 ± 0.64）>邻近位置（16.83 ± 0.67），三者均不存在显著差异；从呈现设备对总认知负荷的影响来看，智能手机（16.42 ± 0.52）>平板电脑（16.27 ± 0.52），两者不存在显著差异。

4. 学习动机分析

对各组别学习动机测量结果进行随机区组设计方差分析后，得到如表 7-18 所示的描述性结果。

表 7-18 实验 3 不同实验组学习动机测量结果（M±SD）

呈现位置	呈现设备	N	注意动机	关联动机	自信动机	满意动机	总动机
邻近位置	智能手机	15	10.47±2.33	9.27±1.94	10.67±0.90	9.40±1.24	41.27±4.50
	平板电脑	15	10.67±2.44	9.53±1.88	10.80±1.66	10.53±1.73	41.53±6.19
随机位置	智能手机	15	9.80±1.78	9.67±1.59	10.27±1.03	9.60±1.92	39.33±5.14
	平板电脑	15	10.33±1.99	9.53±2.13	10.60±2.20	9.93±2.91	40.40±8.30
固定位置	智能手机	15	9.80±1.78	9.33±2.26	10.60±1.92	9.80±1.82	39.53±6.55
	平板电脑	15	10.47±2.03	9.27±2.43	10.67±1.68	10.13±2.00	40.53±7.04

（1）注意动机分析

在不同呈现位置和不同呈现设备的条件下，学习者的注意动机存在差异。按照注意动机由高到低的顺序，可得到各组别的排序结果：邻近位置+平板电脑>邻近位置+智能手机>固定位置+平板电脑>随机位置+平板电脑>固定位置+智能手机>随机位置+智能手机。

进一步利用随机区组设计方差分析对呈现位置和呈现设备影响注意动机的主效应进行检验，发现校正模型统计量 $F=0.440$，$P=0.819>0.05$。其中，呈现位置主效应不显著（$F=0.478$，$P=0.622>0.05$），呈现设备主效应不显著（$F=1.058$，$P=0.307>0.05$），呈现位置和呈现设备的交互作用不显著（$F=0.094$，$P=0.911>0.05$）。

利用 LSD 法对不同呈现位置不同呈现设备组别的注意动机进行成对比较后发现，从呈现位置对注意动机的影响来看，邻近位置（10.57 ± 0.39）>固定位置（10.13 ± 0.39）>随机位置（10.07 ± 0.39），三者不存在显著差异；从呈现设备对注意动机的影响来看，智能手机（10.02

±0.32）>平板电脑（10.49±0.32），两者不存在显著差异。

（2）关联动机分析

在不同呈现位置和不同呈现设备的条件下，学习者的关联动机存在差异。按照关联动机由高到低的顺序，可得到各组别的排序结果：随机位置+智能手机>随机位置+平板电脑>邻近位置+平板电脑>固定位置+智能手机>固定位置+平板电脑>邻近位置+智能手机。

进一步利用随机区组设计方差分析对呈现位置和呈现设备影响关联动机的主效应进行检验，发现校正模型统计量 $F=0.099$，$P=0.992>0.05$。其中，呈现位置主效应不显著（$F=0.165$，$P=0.848>0.05$），呈现设备主效应不显著（$F=0.003$，$P=0.959>0.05$），呈现位置和呈现设备的交互作用不显著（$F=0.081$，$P=0.922>0.05$）。

利用 LSD 法对不同呈现位置不同呈现设备组别的关联动机进行成对比较后发现，从呈现位置对关联动机的影响来看，随机位置（9.60±0.38）>邻近位置（9.40±0.38）>固定位置（9.30±0.38），三者不存在显著差异；从呈现设备对关联动机的影响来看，平板电脑（9.44±0.38）>智能手机（9.42±0.38），两者不存在显著差异。

（3）自信动机分析

在不同呈现位置和不同呈现设备的条件下，学习者的自信动机存在差异。按照自信动机由高到低的顺序，可得到各组别的排序结果：邻近位置+平板电脑>固定位置+平板电脑>邻近位置+智能手机>随机位置+平板电脑>固定位置+智能手机>随机位置+智能手机。

进一步利用随机区组设计方差分析对呈现位置和呈现设备影响自信动机的主效应进行检验，发现校正模型统计量 $F=0.181$，$P=0.969>0.05$。其中，呈现位置主效应不显著（$F=0.263$，$P=0.769>0.05$），呈现设备主效应不显著（$F=0.268$，$P=0.606>0.05$），呈现位置和呈现设备的交互作用不显著（$F=0.054$，$P=0.947>0.05$）。

利用 LSD 法对不同呈现位置不同呈现设备组别的自信动机进行成对比较后发现，从呈现位置对自信动机的影响来看，邻近位置（10.73±0.30）>固定位置（10.63±0.30）>随机位置（10.43±0.30），三者不存在显著差异；从呈现设备对自信动机的影响来看，平板电脑（10.69±0.24）>智能手机（10.51±0.24），两者不存在显著差异。

（4）满意动机分析

在不同呈现位置和不同呈现设备的条件下，学习者的满意动机存在差异。按照满意动机由高到低的顺序，可得到各组别的排序结果：邻近位置+平板电脑>固定位置+平板电脑>随机位置+平板电脑>固定位置+智能手机>随机位置+智能手机>邻近位置+智能手机。

进一步利用随机区组设计方差分析对呈现位置和呈现设备影响满意动机的主效应进行检验，发现校正模型统计量 $F=0.065$，$P=0.696>0.05$。其中，呈现位置主效应不显著（$F=0.100$，$P=0.905>0.05$），呈现设备主效应不显著（$F=2.025$，$P=0.158>0.05$），呈现位置和呈现设备的交互作用不显著（$F=0.400$，$P=0.672>0.05$）。

利用 LSD 法对不同呈现位置不同呈现设备组别的满意动机进行成对比较后发现，从呈现位置对满意动机的影响来看，邻近位置（9.97±0.37）=固定位置（9.97±0.37）>随机位置（9.77±0.37），三者不存在显著差异；从呈现设备对满意动机的影响来看，平板电脑（10.20±0.30）>智能手机（9.60±0.30），两者不存在显著差异。

（5）总动机分析

在不同呈现位置和不同呈现设备的条件下，学习者的总动机存在差异。按照总动机由高到低的顺序，可得到各组别的排序结果：邻近位置+平板电脑>邻近位置+智能手机>固定位置+平板电脑>随机位置+平板电脑>固定位置+智能手机>随机位置+智能手机。

进一步利用随机区组设计方差分析对呈现位置和呈现设备影响总动机的主效应进行检验，发现校正模型统计量 $F=0.288$，$P=0.918>0.05$。其中，呈现位置主效应不显著（$F=0.518$，$P=0.598>0.05$），呈现设备主效应不显著（$F=0.332$，$P=0.566>0.05$），呈现位置和呈现设备的交互作用不显著（$F=0.036$，$P=0.965>0.05$）。

利用 LSD 法对不同呈现位置不同呈现设备组别的总动机进行成对比较后发现，从呈现位置对总动机的影响来看，邻近位置（41.40 ± 1.17）>固定位置（40.03 ± 1.17）>随机位置（39.87 ± 1.17），三者不存在显著差异；从呈现设备对总动机的影响来看，平板电脑（40.82 ± 0.96）>智能手机（40.04 ± 0.96），两者不存在显著差异。

5. 学习成绩分析

对各组别学习成绩进行随机区组设计方差分析后，得到如表 7-19 所示的描述性结果。

表 7-19 实验 3 不同实验组学习成绩（M±SD）

呈现位置	呈现设备	N	保持测验成绩	迁移测验成绩	总测验成绩
邻近位置	智能手机	15	8.00±1.89	8.80±1.37	16.80±2.98
	平板电脑	15	8.67±1.23	9.27±2.74	17.93±3.79
随机位置	智能手机	15	6.13±2.20	7.93±2.66	14.07±3.88
	平板电脑	15	6.40±2.77	8.27±3.35	14.67±5.37
固定位置	智能手机	15	6.40±1.99	7.60±3.64	14.00±5.00
	平板电脑	15	6.47±1.81	8.93±2.91	15.40±3.92

（1）保持测验成绩分析

在不同呈现位置和不同呈现设备的条件下，学习者的保持测验成绩存在差异。按照保持测验成绩由高到低的顺序，可得到各组别的排序结果：邻近位置+平板电脑>邻近位置+智能手机>固定位置+平板电脑>固定位置+智能手机>随机位置+平板电脑屏>随机位置+智能手机。

进一步利用随机区组设计方差分析对呈现位置和呈现设备影响保持测验成绩的主效应进行检验，发现校正模型统计量 $F=4.006$，$P=0.003<0.01$。其中，呈现位置主效应极其显著（$F=9.545$，$P=0.000<0.01$），呈现设备主效应不显著（$F=0.603$，$P=0.439>0.05$），呈现位置和呈现设备的交互作用不显著（$F=0.169$，$P=0.845>0.05$）。

利用 LSD 法对不同呈现位置不同呈现设备组别的保持测验成绩进行成对比较后发现，从呈现位置对保持测验成绩的影响来看，邻近位置（8.33 ± 0.37）>固定位置（6.43 ± 0.37）>随机位置（6.27 ± 0.37），邻近位置和随机位置存在极其显著差异（$P=0.000<0.01$），邻近位置和固定位置存在极其显著差异（$P=0.001<0.01$），随机位置和固定位置不存在显著差异；

从呈现设备对保持测验成绩的影响来看，平板电脑（7.18±0.30）>智能手机（6.84±0.30），两者不存在显著差异。

（2）迁移测验成绩分析

在不同呈现位置和不同呈现设备的条件下，学习者的迁移测验成绩存在差异。按照迁移测验成绩由高到低的顺序，可得到各组别的排序结果：邻近位置+平板电脑>固定位置+平板电脑>邻近位置+智能手机>随机位置+平板电脑>随机位置+智能手机>固定位置+智能手机。

进一步利用随机区组设计方差分析对呈现位置和呈现设备影响迁移测验成绩的主效应进行检验，发现校正模型统计量 $F=0.745$，$P=0.592>0.05$。其中，呈现位置主效应不显著（$F=0.903$，$P=0.409>0.05$），呈现设备主效应不显著（$F=1.382$，$P=0.243>0.05$），呈现位置和呈现设备的交互作用不显著（$F=0.269$，$P=0.765>0.05$）。

利用 LSD 法对不同呈现位置不同呈现设备组别的迁移测验成绩进行成对比较后发现，从呈现位置对迁移测验成绩的影响来看，邻近位置（9.03±0.52）>固定位置（8.27±0.52）>随机位置（8.10±0.52），三者不存在显著差异；从呈现设备对迁移测验成绩的影响来看，平板电脑（8.82±0.43）>智能手机（8.11±0.43），两者不存在显著差异。

（3）总测验成绩分析

在不同呈现位置和不同呈现设备的条件下，学习者的总测验成绩存在差异。按照总测验成绩由高到低的顺序，可得到各组别的排序结果：邻近位置+平板电脑>邻近位置+智能手机>固定位置+平板电脑>随机位置+平板电脑>随机位置+智能手机>固定位置+智能手机。

进一步利用随机区组设计方差分析对呈现位置和呈现设备影响总测验成绩的主效应进行检验，发现校正模型统计量 $F=2.112$，$P=0.072>0.05$。其中，呈现位置主效应显著（$F=4.527$，$P=0.014<0.05$），呈现设备主效应不显著（$F=1.370$，$P=0.245>0.05$），呈现位置和屏幕尺寸的交互作用不显著（$F=0.069$，$P=0.933>0.05$）。

利用 LSD 法对不同呈现位置不同屏幕尺寸组别的总测验成绩进行成对比较后发现，从呈现位置对总测验成绩的影响来看，邻近位置（17.37±0.77）>固定位置（14.70±0.77）>随机位置（14.37±0.77），其中邻近位置、固定位置存在显著差异（$P=0.017<0.05$），邻近位置和随机位置存在极其显著差异（$P=0.007<0.01$），随机位置和固定位置不存在显著差异；从呈现设备对总测验成绩的影响来看，平板电脑（16.00±0.63）>智能手机屏（14.96±0.63），两者不存在显著差异。

（十）结果讨论

依据本实验的实验假设 H3，结合数据统计结果，下面分别针对实验假设 H3-1、H3-2、H3-3 是否成立进行讨论，以期得到较为全面的实验结论。

1. 关于实验假设 H3-1 是否成立的讨论

H3-1 指出，A 画面中"文"要素的不同呈现位置（邻近位置、随机位置、固定位置）对 AR 学习效果（学习动机、眼动指标、认知负荷、学习成绩）的影响存在显著差异。根据主效应分析及 LSD 测量结果可发现（仅筛选具有显著和极其显著差异水平的指标项）如下情况。

（1）不同呈现位置对眼动指标的影响

①在总注视时间方面，邻近位置显著多于固定位置；②在平均瞳孔直径方面，邻近位置显著小于固定位置。

这些结果产生的原因包含两种可能性（以下用 M3-1~2 来作为可能性的标识）。

M3-1：在 AR 学习材料中，邻近位置呈现相比固定位置呈现让被试感知到了更高的难度，被试必须花费更长的时间去理解和记忆，因而总注视时间较长。同时，长时间的学习使得被试感到疲倦，因而平均瞳孔直径缩小。

M3-2：在 AR 学习材料中，邻近位置呈现相比固定位置呈现更能引起被试的注意，被试在兴趣的驱使下愿意花费更长的时间全身心投入到 AR 学习当中，因而总注视时间较长。同时，由于邻近位置比固定位置更加合理，被试在邻近位置呈现的条件下，只需较少的脑力负荷即可完成学习，因而平均瞳孔直径较小。

（2）不同呈现位置对认知负荷的影响

在外在认知负荷方面，随机位置极其显著高于邻近位置，固定位置极其显著高于邻近位置。

（3）不同呈现位置对学习成绩的影响

①在保持测验成绩方面，邻近位置极其显著高于随机位置和固定位置；②在总测验成绩方面，邻近位置极其显著高于随机位置，显著高于固定位置。

这些结果产生的原因包含一种可能性（以下用 M3-3 来作为可能性的标识）。

M3-3：在 AR 学习材料中，邻近位置呈现符合被试的认知习惯，与心理学中的空间邻近效应相一致。固定位置呈现是一种远离目标的呈现方式，与空间邻近原则相悖。随机位置呈现是一种部分邻近、部分远离的呈现方式，但其毫无规律可言，容易令被试迷航。可见，在三种呈现位置中，邻近位置无效占用被试的工作记忆资源最少，可以留有更多的资源来完成对知识的记忆，因而邻近位置产生的外在认知负荷及总认知负荷最少，保持测验成绩和总测验成绩最高。

综上所述，A 画面中"文"要素的不同呈现位置对 AR 学习效果（眼动指标、认知负荷、学习成绩）的影响存在显著差异，对于其他学习效果指标则无显著差异影响，部分验证了实验假设 H3-1。

2. 关于实验假设 H3-2 是否成立的讨论

H3-2 指出，呈现设备的不同水平（智能手机、平板电脑）对 AR 学习效果（学习动机、眼动指标、认知负荷、学习成绩）的影响存在显著差异。根据主效应分析及 LSD 测量结果可发现（仅筛选具有显著和极其显著差异水平的指标项）如下情况：

不同的屏幕尺寸对眼动指标的影响：在平均瞳孔直径方面，智能手机极其显著大于平板电脑。

这些结果产生的原因包含两种可能性（以下用 M3-4~5 来作为可能性的标识）。

M3-4：智能手机相比平板电脑更加小巧、便捷、贴近生活。被试在利用智能手机进行 AR 学习时，往往比利用平板电脑兴趣更高，这种积极的情绪反映到生理表征上，可表现为瞳孔直径变大。因而，使用智能手机屏的平均瞳孔直径大于使用平板电脑屏。

M3-5：智能手机屏幕尺寸小于平板电脑，在呈现相同画面时，前者所呈现的图文均较小，被试不得不睁大眼睛、更为专注地进行阅读和学习。因而，使用智能手机的平均瞳孔直径大于使用平板电脑。

综上所述，学习者学习风格的不同类型会对 AR 学习过程中的眼动指标（平均瞳孔直径）形成具有显著差异的影响，对于其他学习效果指标则无显著差异影响，部分验证了实验假设 H3-2。

3. 关于实验假设 H3-3 是否成立的讨论

H3-3 指出，A 画面中"文"要素的不同呈现位置（邻近位置、随机位置、固定位置）与呈现设备的不同水平（智能手机、平板电脑）存在显著交互作用。根据交互分析可发现（仅筛选具有显著和极其显著差异水平的指标项）：呈现位置与呈现设备在任何指标上都不存在显著交互作用。

综上所述，A 画面中"文"要素的不同呈现位置与呈现设备的不同水平在眼动指标、认知负荷、学习动机、学习成绩各指标方面均不存在显著交互作用，未能验证实验假设 H3-3。

4. 实验结论

根据以上分析，实验假设 H3-1、H3-2 均得到了部分验证，H3-3 未得到验证，说明实验假设 H3 部分成立。

将前文提到的五种可能性（M3-1~M3-5）进行分析对比，可得到如表 7-20 所示的结果。

表 7-20 可能性 M3-1~M3-5 之分析对比

可能性	核心观点
M3-1	在呈现位置中，固定位置比邻近位置更有利于 AR 学习
M3-2	在呈现位置中，邻近位置比固定位置更有利于 AR 学习
M3-3	在呈现位置中，邻近位置比固定位置更有利于 AR 学习
M3-4	在呈现设备屏幕中，智能手机比平板电脑更有利于 AR 学习
M3-5	在呈现设备屏幕中，平板电脑比智能手机更有利于 AR 学习

由表 7-20 可知，M3-1 与 M3-2、M3-3 存在明显矛盾，须将 M3-1 舍弃。M3-4 与 M3-5 存在明显矛盾，但尚无可辅助判断的其他可能性，结合数据统计中，平板电脑在认知负荷、学习动机、学习成绩等指标上略占优势的事实，可排除 M3-4，保留 M3-5。由此，综合 M3-2、M3-3、M3-5 中具有一致性的核心观点，可得到本实验的实验结论。

● 在 A 画面"文"要素不同的呈现位置中，邻近位置明显优于随机位置和固定位置，具体表现为：AR 画面中存在注意分散效应。当呈现位置为随机位置或固定位置时，目标点和文字相对离散，学习者需要在多种离散的信息源之间分配注意资源，需要消耗更多认知资源来完成心理整合，从而干扰学习。邻近位置的优势主要体现在降低外在认知负荷、提升保持测验成绩方面。

● 在不同类型呈现设备当中，智能手机与平板电脑对于 AR 学习的影响无显著差别，相比之下，平板电脑略占优势。

● 呈现位置与呈现设备不存在交互作用，一般而言，在呈现位置固定的条件下，平板电脑略优于智能手机；在呈现设备固定的条件下，邻近位置优于随机位置和固定位置。

五、实验 4：R 画面中"交"要素有无与 A 画面中"交"要素有无对 AR 学习效果的影响研究

（一）实验背景

本实验是对命题 20 的验证。

交互性是多媒体画面支持人和计算机之间进行信息交流的一种属性，通常包括学习者交互控制和计算机反馈两种情况。学习者交互控制是一种学习者主动、计算机被动的交互类型，允许学习者对学习步调、任务顺序等内容做出选择。Mayer 提出的学习者控制原则（Learner Control Principle）认为，学习者控制可以提供一个积极的、建设性的教学过程，保持和提升学习动机，加强自我调节技能的习得，使教学适合学习者的偏好和需要。

在大多数情况下，确保学习者对学习材料的自主控制是有益于学习的。从多媒体画面的视角来看，交互的作用在于实现画面的组接。AR 画面的组接问题则更为复杂，无论是 R 画面的"交"还是 A 画面的"交"，都能使 AR 画面发生动态变化。本研究认为 R 的"交"和 A 的"交"各有优势：R 的"交"允许学习者对现实世界中的事物进行操控，这与学习者的生活习惯颇为接近，交互更具真实感；A 的"交"虽然是对虚拟物进行操纵，动作幅度不及 R 的"交"，但因移动设备已经在大众生活中普及，触屏交互方式简洁且被学习者熟悉，也是理想的交互方案。那么，是否应该在 AR 画面中设置交互？R 的"交"和 A 的"交"，孰优孰略？当两种画面的交互共存时，是有益于学习，还是会干扰学习？诸如此类的问题是本实验着重探讨的内容。希望借助本实验，提出 AR 画面的"交"要素选择方案。

（二）实验目的

研究 R 画面中"交"要素有无与 A 画面中"交"要素有无对 AR 学习效果的影响。

（三）实验假设

1. 总假设

H4：R 画面中"交"要素的有无（R 无交互、R 有交互）与 A 画面中"交"要素的有无（A 无交互、A 有交互）的不同组合对 AR 学习效果（眼动指标、认知负荷、学习动机、学习成绩）的影响存在显著差异。

2. 分假设

H4-1：R 画面中"交"要素的有无（R 无交互、R 有交互）对 AR 学习效果（眼动指标、认知负荷、学习动机、学习成绩）的影响存在显著差异。

H4-2：A 画面中"交"要素的有无（A 无交互、A 有交互）对 AR 学习效果（眼动指标、认知负荷、学习动机、学习成绩）的影响存在显著差异。

H4-3：R 画面中"交"要素的有无（R 无交互、R 有交互）与 A 画面中"交"要素的有无（A 无交互、A 有交互）存在显著交互作用。

（四）实验设计及变量

本实验采用 2（R 画面中"交"要素的有无）×2（A 画面中"交"要素的有无）实验设计。

实验变量包括自变量、因变量和无关变量三类。

● 自变量：①R 画面中"交"要素的有无，属于被试内变量，分为"R 无交互""R 有交互"两种情况。R 无交互：学习者无法通过操纵图片来实现与 3D 模型的交互；R 有交互：学习者可以通过操纵图片来实现与 3D 模型的交互。②A 画面中"交"要素的有无，属于被试内变量，分为"A 无交互""A 有交互"两种情况。A 无交互：学习者无法通过触屏手势来实现与 3D 模型的交互；A 有交互：学习者可以通过触屏手势来实现与 3D 模型的交互。

● 因变量：①眼动指标为总注视时间、总注视次数、平均注视点持续时间、瞳孔直径；②认知负荷为内在认知负荷、外在认知负荷、关联认知负荷、总认知负荷；③学习动机为注意、关联、自信、满意、总动机；④学习成绩为保持测验成绩、迁移测验成绩、总测验成绩。

● 无关变量：实验者的偏向、被试态度的变化、被试学习时间的差异、迁移对实验结果的影响等。

（五）被试选择

从 T 大学本科生中招募自愿参加实验的被试，筛选出年龄在 18~23 岁区间的 60 名学生参加实验，将其随机分为低空间能力组和高空间能力组 2 个组别，每组 30 人。然后，将这 2 组被试者各自随机划分为 2 组，由此共得到 4 组被试者，分别为"R 无交互—A 无交互"组、"R 无交互—A 有交互"组、"R 有交互—A 无交互"组、"R 有交互—A 有交互"组，每组 15 人。每组被试者在实验结束时均得到一定的报酬。

（六）学习及测试材料

1. AR 学习材料

AR 学习材料采用"天眼 AR"制作平台进行开发。学习材料的主题为"海洋动物"，内容参考自"秒懂百科"之"科普"频道。学习者需重点学习的内容为：海洋动物的外形特征，涉及长肢领航鲸、长须鲸、虎鲸、鹅喙鲸、姥鲨、灰海豚 6 种动物。需要学习者重点观察的内容有：海洋动物的肤色、体型、斑纹等特征。

学习材料以彩色打印纸和 6 张彩色照片为主要载体，每张照片上呈现一种海洋动物的外形图片。彩色打印纸上呈现出关于 6 种海洋动物的文字描述，被试者在阅读文字描述后，可以针对性地用移动设备扫描图片，并可以看到特定动物的 3D 模型。被试者观察 3D 模型的方式有四种。①R 无交互、A 无交互：被试者只能被动观察静态的 3D 模型，无法对模型进行移动、缩放、旋转操作；②R 无交互、A 有交互：被试者可以自主观察 3D 模型，仅可通过触屏手势对模型进行移动、缩放、旋转操作；③R 有交互、A 无交互：被试者可以自主观察 3D 模型，仅可通过操纵图片对模型进行移动、缩放、旋转操作；④R 有交互、A 有交互：被试者可以自主观察 3D 模型，既可通过操纵图片对模型进行移动、缩放、旋转操作，又可通过触屏手势对模型进行移动、缩放、旋转操作。交互有无的 4 种 AR 画面如图 7-5 所示。

上述 AR 画面均由移动端呈现给学习者，学习者可以在规定的时间内，自主控制学习的顺序和进度。

2. 先前知识测验题

"海洋动物"的先前知识测验题由两部分组成，第一部分是主观评定题，共 4 道题；第二部分是客观测试题，共 1 道。第一部分的 4 道题用于了解被试对学习主题的熟悉程度，每题 1 分。第二部分的 1 道题考查被试者对主题知识的掌握情况，共有 6 个知识点，每个知识点 1 分，答对 1 个计 1 分。两个部分的先前知识测验题共计 10 分，被试前测成绩若高于 5 分，则被视为高知识基础被试者，将其剔除。

3. 学习动机自评量表

学习动机自评量表根据 Keller 的 IMMS 学习动机量表而改编（见附录 D）。

4. 认知负荷自评量表

认知负荷自评量表选用林立甲等采用的认知负荷量表（见附录 E）。

(a)"R 无交互、A 无交互"AR 画面

(b)"R 无交互、A 有交互"AR 画面

(c)"R 有交互、A 无交互"AR 画面

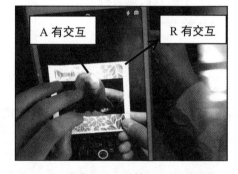
(d)"R 有交互、A 有交互"AR 画面

图 7-5 实验 4 交互有无的 4 种 AR 画面

5. 学习效果测验材料

保持测验的目的在于考察被试者对学习材料的识记、保持或再认能力。保持测验由 5 道题组成，包含 1 道多选题、2 道单选题和 2 道填空题，每题 2 分，共计 10 分。保持测验的答案能够直接从材料中获得。

迁移测验的目的是考察被试者根据学习材料应用到新的情境中解决问题的能力。迁移测验由 6 道题组成，包含 2 道单选题、2 道填空题、1 道判断题和 1 道简答题。单选题和填空题每题 2 分，判断题 4 分，简答题 3 分，共计 15 分。迁移测验的答案需要靠学习者整合所学知识推断获得。

试题数据经过了信度检验，Cronbach's Alpha 值为 0.801，符合 α 信度系数不低于 0.6 的要求。

所有测验题目要求被试者严格按顺序完成，答题一次性完成，不得中途修改答案。

（七）实验设备

实验的设备包括：①平板电脑 1 部，用于呈现 AR 效果，型号为小米平板 MI PAD 4；②眼镜式眼动仪一套，硬件设备选用 SIM Glass 眼动仪，软件设备选用 BeGaze 分析软件用于数据处理。

（八）实验过程

同实验 1。

（九）数据统计

同实验 1。

1. 先前测验成绩分析

对各组别先前测验成绩进行随机区组设计方差分析后，得到如表 7-21 所示的结果。

表 7-21 为描述性统计结果，显示各组别前测成绩平均值在 2.65~2.92 区间，较为接近。

表 7-21　实验 4 先前知识测验成绩（M±SD）

R 交互有无	A 交互有无	N	先前知识测验成绩
R 无交互	A 无交互	15	2.65±1.39
	A 有交互	15	2.92±1.15
R 有交互	A 无交互	15	2.68±1.25
	A 有交互	15	2.73±1.01

主效应模型检验结果显示，校正模型统计量 $F=0.145$，$P=0.932$（大于 0.05），模型不具有统计学意义，说明各组被试在学习 AR 材料前的知识水平基本一致。

2. 眼动指标分析

对各组别眼动指标进行随机区组设计方差分析后，得到如表 7-22 所示的描述性结果。

（1）总注视时间分析

在不同 R 交互有无和不同 A 交互有无的条件下，学习者的总注视时间存在差异。按照总注视时间由长到短的顺序，可得到各组别的排序结果：R 有交互+A 无交互>R 无交互+A 有交互>R 有交互+A 有交互>R 无交互+A 无交互。

进一步利用随机区组设计方差分析对 R 交互有无和 A 交互有无影响总注视时间的主效

应进行检验，发现校正模型统计量 $F=0.825$，$P=0.486>0.05$。其中，R 交互有无主效应不显著（$F=0.054$，$P=0.817>0.05$），A 交互有无主效应不显著（$F=0.000$，$P=0.990>0.05$），R 交互有无和 A 交互有无的交互作用不显著（$F=2.421$，$P=0.125>0.05$）。

利用 LSD 法对不同 R 交互有无不同 A 交互有无组别的总注视时间进行成对比较后发现，从 R 交互有无对总注视时间的影响来看，R 有交互（286517±12319）>R 无交互（282457±12319），两者不存在显著差异；从 A 交互有无对总注视时间的影响来看，A 有交互（284597±12319）>A 无交互（284378±12319），两者不存在显著差异。

表 7-22 实验 4 不同实验组眼动指标（M±SD）

R 交互有无	A 交互有无	N	总注视时间 （ms）	总注视次数 （n）	平均注视持续时间 （ms）	瞳孔直径 （mm）
R 无交互	A 无交互	15	268794±65851	1382±319	196±30	4.22±0.39
	A 有交互	15	296120±60014	1416±420	198±35	4.79±0.37
R 有交互	A 无交互	15	299962±58542	1446±339	203±33	4.47±0.70
	A 有交互	15	273073±82742	1462±370	191±30	4.51±0.61

（2）总注视次数分析

在不同 R 交互有无和不同 A 交互有无的条件下，学习者用于加工 AR 学习材料的总注视次数存在差异。按照总注视次数排序由多到少的顺序，可得到各组别的排序结果：R 有交互+A 有交互>R 有交互+A 无交互>R 无交互+A 有交互>R 无交互+A 无交互。

进一步利用随机区组设计方差分析对 R 交互有无和 A 交互有无影响总注视次数的主效应进行检验，发现校正模型统计量 $F=0.142$，$P=0.935>0.05$。其中，R 交互有无主效应不显著（$F=0.341$，$P=0.562>0.05$），A 交互有无主效应不显著（$F=0.075$，$P=0.785>0.05$），R 交互有无和 A 交互有无的交互作用不显著（$F=0.010$，$P=0.922>0.05$）。

利用 LSD 法对不同 R 交互有无不同 A 交互有无组别的总注视次数进行成对比较后发现，从 R 交互有无对总注视次数的影响来看，R 有交互（1454±66）>R 无交互（1399±66），两者不存在显著差异；从 A 交互有无对总注视次数的影响来看，A 有交互（1439±66）>A 无交互（1414±66），两者不存在显著差异。

（3）平均注视持续时间分析

在不同 R 交互有无和不同 A 交互有无的条件下，学习者用于加工 AR 学习材料的平均注视持续时间存在差异。按照平均注视持续时间排序由长到短的顺序，可得到各组别的排序结果：R 有交互+A 无交互>R 无交互+A 有交互>R 无交互+A 无交互>R 无交互+A 无交互。

进一步利用随机区组设计方差分析对 R 交互有无和 A 交互有无影响平均注视持续时间的主效应进行检验，发现校正模型统计量 $F=1.680$，$P=0.182>0.05$。其中，R 交互有无主效应不显著（$F=0.326$，$P=0.806>0.05$），A 交互有无主效应不显著（$F=0.297$，$P=0.588>0.05$），R 交互有无和 A 交互有无的交互作用不显著（$F=0.681$，$P=0.413>0.05$）。

利用 LSD 法对不同 R 交互有无不同 A 交互有无组别的平均注视持续时间进行成对比较

后发现，从 R 交互有无对平均注视持续时间的影响来看，R 无交互（197±5.85）=R 有交互（197±5.85），两者不存在显著差异；从 A 交互有无对平均注视持续时间的影响来看，A 无交互（199±5.85）>A 有交互（195±5.85），两者不存在显著差异。

（4）瞳孔直径分析

在不同 R 交互有无和不同 A 交互有无的条件下，学习者用于加工 AR 学习材料的平均瞳孔直径存在差异。按照平均瞳孔直径排序由大到小的顺序，可得到各组别的排序结果：R 无交互+A 有交互>R 有交互+A 有交互>R 有交互+A 无交互>R 无交互+A 无交互。

进一步利用随机区组设计方差分析对 R 交互有无和 A 交互有无影响平均瞳孔直径的主效应进行检验，发现校正模型统计量 $F=2.858$，$P=0.045<0.05$。其中，R 交互有无主效应不显著（$F=0.010$，$P=0.920>0.05$），A 交互有无主效应显著（$F=4.779$，$P=0.033<0.05$），R 交互有无和 A 交互有无的交互作用不显著（$F=3.786$，$P=0.057>0.05$）。

利用 LSD 法对不同 R 交互有无不同 A 交互有无组别的平均瞳孔直径进行成对比较后发现，从 R 交互有无对平均瞳孔直径的影响来看，R 无交互（4.50±0.10）>R 有交互（4.49±0.10），两者不存在显著差异；从 A 交互有无对平均瞳孔直径的影响来看，A 有交互（4.65±0.10）>A 无交互（4.35±0.10），两者不存在显著差异。

3. 认知负荷分析

对各组别认知负荷测量结果进行随机区组设计方差分析后，得到如表 7-23 所示的描述性结果。

表 7-23 实验 4 不同实验组认知负荷测量结果（M±SD）

R 交互有无	A 交互有无	N	内在认知负荷	外在认知负荷	关联认知负荷	总认知负荷
R 无交互	A 无交互	15	6.47±1.06	6.73±1.03	5.60±0.91	18.67±2.02
	A 有交互	15	6.20±1.21	5.67±1.35	5.53±1.25	17.40±3.09
R 有交互	A 无交互	15	6.07±1.22	5.80±1.15	5.67±1.05	17.53±2.59
	A 有交互	15	6.20±1.13	7.00±0.76	5.80±1.47	19.00±1.96

（1）内在认知负荷分析

在不同 R 交互有无和不同 A 交互有无的条件下，学习者的内在认知负荷存在差异。按照内在认知负荷由高到低的顺序，可得到各组别的排序结果：R 无交互+A 无交互>R 无交互+A 有交互>R 有交互+A 有交互>R 有交互+A 无交互。

进一步利用随机区组设计方差分析对 R 交互有无和 A 交互有无影响内在认知负荷的主效应进行检验，发现校正模型统计量 $F=0.322$，$P=0.810>0.05$。其中，R 交互有无主效应不显著（$F=0.457$，$P=0.502>0.05$），A 交互有无主效应显著（$F=0.051$，$P=0.822>0.05$），R 交互有无和 A 交互有无的交互作用不显著（$F=0.457$，$P=0.502>0.05$）。

利用 LSD 法对不同 R 交互有无不同 A 交互有无组别的内在认知负荷进行成对比较后发现，从 R 交互有无对内在认知负荷的影响来看，R 无交互（6.33±0.21）>R 有交互（6.13±0.21），两者不存在显著差异；从 A 交互有无对内在认知负荷的影响来看，A 无交互（6.27±0.21）>A 有交互（6.20±0.21），两者不存在显著差异。

（2）外在认知负荷分析

在不同 R 交互有无和不同 A 交互有无的条件下，学习者的外在认知负荷存在差异。按照外在认知负荷由高到低的顺序，可得到各组别的排序结果：R 有交互+A 有交互>R 无交互+A 无交互>R 有交互+A 无交互>R 无交互+A 有交互。

进一步利用随机区组设计方差分析对 R 交互有无和 A 交互有无影响外在认知负荷的主效应进行检验，发现校正模型统计量 F=5.581，P=0.002<0.05。其中，R 交互有无主效应不显著（F=0.504，P=0.481>0.05），A 交互有无主效应不显著（F=0.056，P=0.814>0.05），R 交互有无和 A 交互有无的交互作用极其显著（F=16.184，P=0.000<0.05）。

利用 LSD 法对不同 R 交互有无不同 A 交互有无组别的外在认知负荷进行成对比较后发现，从 R 交互有无对外在认知负荷的影响来看，R 有交互（6.40±0.20）>R 无交互（6.20±0.20），两者不存在显著差异；从 A 交互有无对外在认知负荷的影响来看，A 有交互（6.33±0.20）>A 无交互（6.27±0.20），两者不存在显著差异。

（3）关联认知负荷分析

在不同 R 交互有无和不同 A 交互有无的条件下，学习者的关联认知负荷存在差异。按照关联认知负荷由高到低的顺序，可得到各组别的排序结果：R 有交互+A 有交互>R 有交互+A 无交互>R 无交互+A 无交互>R 无交互+A 有交互。

进一步利用随机区组设计方差分析对 R 交互有无和 A 交互有无影响关联认知负荷的主效应进行检验，发现校正模型统计量 F=0.138，P=0.937>0.05。其中，R 交互有无主效应不显著（F=0.295，P=0.589>0.05），A 交互有无主效应不显著（F=0.012，P=0.914>0.05），R 交互有无和 A 交互有无的交互作用不显著（F=0.106，P=0.746>0.05）。

利用 LSD 法对不同 R 交互有无不同 A 交互有无组别的关联认知负荷进行成对比较后发现，从 R 交互有无对关联认知负荷的影响来看，R 有交互（5.73±0.22）>R 无交互（5.57±0.22），两者不存在显著差异；从 A 交互有无对关联认知负荷的影响来看，A 有交互（5.67±0.22）>A 无交互（5.63±0.22），两者不存在显著差异。

（4）总认知负荷分析

在不同 R 交互有无和不同 A 交互有无的条件下，学习者的总认知负荷存在差异。按照总认知负荷由高到低的顺序，可得到各组别的排序结果：R 有交互+A 有交互>R 无交互+A 无交互>R 有交互+A 无交互>R 无交互+A 有交互。

进一步利用随机区组设计方差分析对 R 交互有无和 A 交互有无影响总认知负荷的主效应进行检验，发现校正模型统计量 F=1.598，P=0.200>0.05。其中，R 交互有无主效应不显著（F=0.135，P=0.715>0.05），A 交互有无主效应不显著（F=0.025，P=0.875>0.05），R 交互有无和 A 交互有无的交互作用显著（F=4.633，P=0.036<0.05）。

利用 LSD 法对不同 R 交互有无不同 A 交互有无组别的总认知负荷进行成对比较后发现，从 R 交互有无对总认知负荷的影响来看，R 有交互（18.27±0.45）>R 无交互（18.03±0.45），两者不存在显著差异；从 A 交互有无对总认知负荷的影响来看，A 有交互（18.20±0.45）>A 无交互（18.10±0.45），两者不存在显著差异。

4. 学习动机分析

对各组别学习动机测量结果进行随机区组设计方差分析后，得到如表 7-24 所示的描述性结果。

表 7-24 实验 4 不同实验组学习动机测量结果（M±SD）

R 交互有无	A 交互有无	N	注意动机	关联动机	自信动机	满意动机	总动机
R 无交互	A 无交互	15	10.60±1.88	10.07±2.66	10.20±1.74	9.53±1.92	40.40±7.22
	A 有交互	15	10.73±2.12	10.27±2.15	10.40±1.96	9.87±2.20	41.27±8.00
R 有交互	A 无交互	15	11.47±1.96	10.20±2.34	10.93±1.91	10.47±1.88	43.07±6.72
	A 有交互	15	11.80±2.40	10.53±2.29	10.73±1.98	9.73±2.28	42.80±7.68

（1）注意动机分析

在不同 R 交互有无和不同 A 交互有无的条件下，学习者的注意动机存在差异。按照注意动机由高到低的顺序，可得到各组别的排序结果：R 有交互+A 有交互>R 有交互+A 无交互>R 无交互+A 有交互>R 无交互+A 无交互。

进一步利用随机区组设计方差分析对 R 交互有无和 A 交互有无影响注意动机的主效应进行检验，发现校正模型统计量 $F=1.134$，$P=0.343>0.05$。其中，R 交互有无主效应不显著（$F=3.182$，$P=0.080>0.05$），A 交互有无主效应不显著（$F=0.185$，$P=0.668>0.05$），R 交互有无和 A 交互有无的交互作用不显著（$F=0.034$，$P=0.854>0.05$）。

利用 LSD 法对不同 R 交互有无不同 A 交互有无组别的注意动机进行成对比较后发现，从 R 交互有无对注意动机的影响来看，R 有交互（11.63±0.38）>R 无交互（10.67±0.38），两者不存在显著差异；从 A 交互有无对注意动机的影响来看，A 有交互（11.27±0.38）>A 无交互（11.03±0.38），两者不存在显著差异。

（2）关联动机分析

在不同 R 交互有无和不同 A 交互有无的条件下，学习者的关联动机存在差异。按照关联动机由高到低的顺序，可得到各组别的排序结果：R 有交互+A 有交互>R 无交互+A 有交互>R 有交互+A 无交互>R 无交互+A 无交互。

进一步利用随机区组设计方差分析对 R 交互有无和 A 交互有无影响关联动机的主效应进行检验，发现校正模型统计量 $F=0.103$，$P=0.958>0.05$。其中，R 交互有无主效应不显著（$F=0.107$，$P=0.745>0.05$），A 交互有无主效应不显著（$F=0.190$，$P=0.664>0.05$），R 交互有无和 A 交互有无的交互作用不显著（$F=0.012$，$P=0.914>0.05$）。

利用 LSD 法对不同 R 交互有无不同 A 交互有无组别的关联动机进行成对比较后发现，从 R 交互有无对关联动机的影响来看，R 有交互（10.37±0.43）>R 无交互（10.17±0.43），两者不存在显著差异；从 A 交互有无对关联动机的影响来看，A 有交互（10.40±0.43）>A 无交互（10.13±0.43），两者不存在显著差异。

（3）自信动机分析

在不同 R 交互有无和不同 A 交互有无的条件下，学习者的自信动机存在差异。按照自信动机由高到低的顺序，可得到各组别的排序结果：R 有交互+A 无交互>R 有交互+A 有交互>R 无交互+A 有交互>R 无交互+A 无交互。

进一步利用随机区组设计方差分析对 R 交互有无和 A 交互有无影响自信动机的主效应进行检验，发现校正模型统计量 $F=0.450$，$P=0.718>0.05$。其中，R 交互有无主效应不显著（$F=1.184$，$P=0.281>0.05$），A 交互有无主效应不显著（$F=0.000$，$P=1.000>0.05$），R 交互有无和 A 交互有无的交互作用不显著（$F=0.166$，$P=0.685>0.05$）。

利用 LSD 法对不同 R 交互有无不同 A 交互有无组别的自信动机进行成对比较后发现，从 R 交互有无对自信动机的影响来看，R 有交互（10.83 ± 0.35）>R 无交互（10.30 ± 0.35），两者不存在显著差异；从 A 交互有无对自信动机的影响来看，A 有交互（10.57 ± 0.35）=A 无交互（10.57 ± 0.35），两者不存在显著差异。

（4）满意动机分析

在不同 R 交互有无和不同 A 交互有无的条件下，学习者的满意动机存在差异。按照满意动机由高到低的顺序，可得到各组别的排序结果：R 有交互+A 无交互>R 无交互+A 有交互>R 有交互+A 有交互>R 无交互+A 无交互。

进一步利用随机区组设计方差分析对 R 交互有无和 A 交互有无影响满意动机的主效应进行检验，发现校正模型统计量 $F=0.560$，$P=0.644>0.05$。其中，R 交互有无主效应不显著（$F=0.555$，$P=0.459>0.05$），A 交互有无主效应不显著（$F=0.139$，$P=0.711>0.05$），R 交互有无和 A 交互有无的交互作用不显著（$F=0.987$，$P=0.325>0.05$）。

利用 LSD 法对不同 R 交互有无不同 A 交互有无组别的满意动机进行成对比较后发现，从 R 交互有无对满意动机的影响来看，R 有交互（10.10 ± 0.38）>R 无交互（9.70 ± 0.38），两者不存在显著差异；从 A 交互有无对满意动机的影响来看，A 无交互（10.00 ± 0.38）>A 有交互（9.80 ± 0.38），两者不存在显著差异。

（5）总动机分析

在不同 R 交互有无和不同 A 交互有无的条件下，学习者的总动机存在差异。按照总动机由高到低的顺序，可得到各组别的排序结果：R 有交互+A 无交互>R 有交互+A 有交互>R 无交互+A 有交互>R 无交互+A 无交互。

进一步利用随机区组设计方差分析对 R 交互有无和 A 交互有无影响总动机的主效应进行检验，发现校正模型统计量 $F=0.438$，$P=0.727>0.05$。其中，R 交互有无主效应不显著（$F=1.201$，$P=0.278>0.05$），A 交互有无主效应不显著（$F=0.025$，$P=0.876>0.05$），R 交互有无和 A 交互有无的交互作用不显著（$F=0.087$，$P=0.769>0.05$）。

利用 LSD 法对不同 R 交互有无不同 A 交互有无组别的总动机进行成对比较后发现，从 R 交互有无对总动机的影响来看，R 有交互（42.93 ± 1.36）>R 无交互（40.83 ± 1.36），两者不存在显著差异；从 A 交互有无对总动机的影响来看，A 有交互（42.03 ± 1.36）>A 无交互（41.73 ± 1.36），两者不存在显著差异。

5. 学习成绩分析

对各组别学习成绩进行随机区组设计方差分析后，得到如表 7-25 所示的描述性结果。

表 7-25 实验 4 不同实验组学习成绩（M±SD）

R 交互有无	A 交互有无	N	保持测验成绩	迁移测验成绩	总测验成绩
R 无交互	A 无交互	15	5.33±2.09	7.00±1.69	12.33±3.18
	A 有交互	15	6.67±2.47	8.13±2.36	14.80±3.03
R 有交互	A 无交互	15	7.60±1.72	8.20±2.27	15.80±2.88
	A 有交互	15	5.93±1.83	8.00±2.56	13.93±3.59

（1）保持测验成绩分析

在不同 R 交互有无和不同 A 交互有无的条件下，学习者的保持测验成绩存在差异。按照保持测验成绩由高到低的顺序，可得到各组别的排序结果：R 有交互+A 无交互>R 无交互+A 有交互>R 有交互+A 有交互>R 无交互+A 无交互。

进一步利用随机区组设计方差分析对 R 交互有无和 A 交互有无影响保持测验成绩的主效应进行检验，发现校正模型统计量 $F=3.411$，$P=0.024<0.05$。其中，R 交互有无主效应不显著（$F=2.099$，$P=0.153>0.05$），A 交互有无主效应不显著（$F=0.099$，$P=0.754>0.05$），R 交互有无和 A 交互有无的交互作用极其显著（$F=8.036$，$P=0.006<0.01$）。

利用 LSD 法对不同 R 交互有无不同 A 交互有无组别的保持测验成绩进行成对比较后发现，从 R 交互有无对保持测验成绩的影响来看，R 有交互（6.77±0.37）>R 无交互（6.00±0.37），两者不存在显著差异；从 A 交互有无对保持测验成绩的影响来看，A 无交互（6.47±0.37）>A 有交互（6.30±0.37），两者不存在显著差异。

（2）迁移测验成绩分析

在不同 R 交互有无和不同 A 交互有无的条件下，学习者的迁移测验成绩存在差异。按照迁移测验成绩由高到低的顺序，可得到各组别的排序结果：R 有交互+A 无交互>R 无交互+A 有交互>R 有交互+A 有交互>R 无交互+A 无交互。

进一步利用随机区组设计方差分析对 R 交互有无和 A 交互有无影响迁移测验成绩的主效应进行检验，发现校正模型统计量 $F=0.940$，$P=0.428>0.05$。其中，R 交互有无主效应不显著（$F=0.847$，$P=0.361>0.05$），A 交互有无主效应显著（$F=0.648$，$P=0.424>0.05$），R 交互有无和 A 交互有无的交互作用不显著（$F=1.323$，$P=0.255>0.05$）。

利用 LSD 法对不同 R 交互有无不同 A 交互有无组别的迁移测验成绩进行成对比较后发现，从 R 交互有无对迁移测验成绩的影响来看，R 有交互（8.10±0.41）>R 无交互（7.57±0.41），两者不存在显著差异；从 A 交互有无对迁移测验成绩的影响来看，A 有交互（8.07±0.41）>A 无交互（7.60±0.41），两者不存在显著差异。

（3）总测验成绩分析

在不同 R 交互有无和不同 A 交互有无的条件下，学习者的总测验成绩存在差异。按照总测验成绩由高到低的顺序，可得到各组别的排序结果：R 有交互+A 无交互>R 无交互+A 有交互>R 有交互+A 有交互>R 无交互+A 无交互。

进一步利用随机区组设计方差分析对 R 交互有无和 A 交互有无影响总测验成绩的主效应进行检验，发现校正模型统计量 $F=3.197$，$P=0.030<0.05$。其中，R 交互有无主效应不显

著（$F=2.503$，$P=0.119>0.05$），A 交互有无主效应不显著（$F=0.133$，$P=0.716>0.05$），R 交互有无和 A 交互有无的交互作用显著（$F=6.954$，$P=0.011<0.05$）。

利用 LSD 法对不同 R 交互有无不同 A 交互有无组别的总测验成绩进行成对比较后发现，从 R 交互有无对总测验成绩的影响来看，R 有交互（14.87±0.58）>R 无交互（13.57±0.58），两者不存在显著差异；从 A 交互有无对总测验成绩的影响来看，A 有交互（14.37±0.58）>A 无交互（14.37±0.58），两者不存在显著差异。

（十）结果讨论

依据本实验的实验假设 H4，结合数据统计结果，下面分别针对实验假设 H4-1、H4-2、H4-3 是否成立进行讨论，以期得到较为全面的实验结论。

1. 关于实验假设 H4-1 是否成立的讨论

H4-1 指出，R 画面中"交"要素的有无（R 无交互、R 有交互）对 AR 学习效果（学习动机、眼动指标、认知负荷、学习成绩）的影响存在显著差异。根据主效应分析及 LSD 测量结果可发现（仅筛选具有显著和极其显著差异水平的指标项）：R 交互有无在任何指标上都不存在显著差异，但在眼动指标、认知负荷、学习动机、学习成绩方面，R 有交互整体上略优于 R 无交互。

这一结果产生的原因包含一种可能性（以下用 M4-1 来作为可能性的标识）。

M4-1：在 AR 学习过程中，交互的存在可以帮助被试获得全方位观察 3D 模型的机会，直观形象的 3D 模型有助于被试者快速建立当前知识与大脑中已有经验的联系，从而获得更好的学习效果。R 交互是被试者通过改变图片纸角度来实现的交互，理论上符合被试者的交互习惯，应得到 R 有交互优于 R 无交互的结果。然而，这种优势并不明显的原因在于：R 交互的有无对学习的影响可能受其他因素的制约。

综上所述，R 画面中"交"要素的有无对 AR 学习效果的影响不存在显著差异，未能验证实验假设 H4-1。

2. 关于实验假设 H4-2 是否成立的讨论

H4-2 指出，A 画面中"交"要素的有无（A 无交互、A 有交互）对 AR 学习效果（学习动机、眼动指标、认知负荷、学习成绩）的影响存在显著差异。根据主效应分析及 LSD 测量结果可发现（仅筛选具有显著和极其显著差异水平的指标项）：A 交互有无在任何指标上都不存在显著差异，且在眼动指标、认知负荷、学习动机、学习成绩方面，A 有交互与 A 无交互的优劣关系处于不稳定状态。

这一结果产生的原因包含一种可能性（以下用 M4-2 来作为可能性的标识）。

M4-2：在 AR 学习过程中，交互的存在可以帮助被试者获得全方位观察 3D 模型的机会，直观形象的 3D 模型有助于被试者快速建立当前知识与大脑中已有经验的联系，从而获得更好的学习效果。A 交互是被试者通过触屏手势来实现的交互，理论上符合被试者的交互习惯，应得到 A 有交互优于 A 无交互的结果。然而，这种优势并不稳定和明显的原因在于：一方面，A 交互的有无对学习的影响可能受其他因素制约；另一方面，A 画面中用于操纵模型的具体手势可能与多数被试者的手势倾向不相符合，使得被试在进行交互时，感到无所适从。

综上所述，A 画面中"交"要素的有无对 AR 学习效果的影响不存在显著差异，未能验证实验假设 H4-2。

3. 关于实验假设 H4-3 是否成立的讨论

H4-3 指出，R 画面中"交"要素的有无（R 无交互、R 有交互）与 A 画面中"交"要素的有无（A 无交互、A 有交互）存在显著交互作用。根据交互分析可发现（仅筛选具有显著和极其显著差异水平的指标项）如下情况。

（1）R 交互有无与 A 交互有无在认知负荷方面的交互作用

①在外在认知负荷方面，"R 无交互+A 无交互"和"R 有交互+A 有交互"所引起的外在认知负荷均极其显著高于"R 无交互+A 有交互"和"R 有交互+A 无交互"；②在总认知负荷方面，"R 无交互+A 无交互"和"R 有交互+A 有交互"所引起的外在认知负荷均显著高于"R 无交互+A 有交互"和"R 有交互+A 无交互"。

（2）R 交互有无与 A 交互有无在学习成绩方面的交互作用

①在保持测验成绩方面，"R 无交互+A 无交互"和"R 有交互+A 有交互"所引起的外在认知负荷均极其显著低于"R 无交互+A 有交互"和"R 有交互+A 无交互"；②在总测验成绩方面，"R 无交互+A 无交互"和"R 有交互+A 有交互"所引起的外在认知负荷均显著低于"R 无交互+A 有交互"和"R 有交互+A 无交互"。

这些结果产生的原因包含一种可能性（以下用 M4-3 来作为可能性的标识）。

M4-3：在 AR 学习过程中，"R 无交互+A 无交互"的交互方式使得被试只能看到 3D 模型的整体形态，无法通过缩放、移动、旋转等操作来对 3D 模型进行更为细致的观察，仅能通过仔细阅读抽象的文字信息来实现对模型外观特征的理解，直观性较差；"R 有交互+A 有交互"的交互方式虽然交互程度较高，但两种交互方式共存需要同时用到被试者的两只手来完成，这无形中增加了被试者的负担，给被试者造成干扰，使被试者难以全身心投入到学习当中。因此，"R 无交互+A 无交互"和"R 有交互+A 有交互"在降低认知负荷、提升学习成绩方面的表现均较差。

综上所述，R 画面中"交"要素的有无与 A 画面中"交"要素的有无在认知负荷（外在认知负荷、总认知负荷）、学习成绩（保持测验成绩、总测验成绩）方面存在显著交互作用，对于其他学习效果指标则无显著交互作用，部分验证了实验假设 H4-3。

4. 实验结论

根据以上分析，实验假设 H4-3 得到了部分验证，H4-1、H4-2 未得到验证，说明实验假设 H4 部分成立。

将前文提到的三种可能性（M4-1~M4-3）进行分析对比，可得到如表 7-26 所示的结果。

由表 7-26 可知，M4-1、M4-2、M4-3 并不存在矛盾。由此，综合 M4-1~M4-3 中具有一致性的核心观点，可得到本实验的结论：

（1）在 R 画面"交"要素的有无中，R 有交互略优于 R 无交互

具体表现为：交互的存在可以帮助被试获得全方位观察 3D 模型的机会，从而使学习者获得对 3D 模型所代表事物的直观印象，但 R 有交互优势的发挥依赖于 A 画面"交"要素的有无。

（2）在 A 画面"交"要素的有无中，A 有交互与 A 无交互的优劣关系不稳定

具体表现为：交互的存在可以帮助被试获得全方位观察 3D 模型的机会，从而使学习者获得对 3D 模型所代表事物的直观印象，但 A 有交互优势的发挥依赖于 R 画面"交"要素的有无以及 A 画面中交互的手势类型。

（3）R 画面"交"要素有无与 A 画面"交"要素有无存在显著交互作用

一般而言，当 R 交互与 A 交互同为"无"或同为"有"时，其学习效果劣于只存在一种交互。在 R 无交互条件下，A 有交互的学习效果优于 A 无交互；在 R 有交互条件下，A 无交互的学习效果优于 A 有交互。

表 7-26 可能性 M4-1~M4-3 之分析对比

可能性	核心观点
M4-1	在交互方式方面，"R 有交互"比"R 无交互"略占优势，但优势是否显著受其他因素制约
M4-2	在交互方式方面，"A 有交互"与"A 无交互"的优劣关系不稳定，一方面受其他因素（R 交互有无）制约，另一方面与 A 画面中交互手势类型有关
M4-3	当 R 交互有无与 A 交互有无的状态相同（同无、同有）时，其学习效果劣于状态相异（只存在一种交互方式）时

第二节　基于访谈研究的模型验证

用户体验是近年来学术界关注的热点，包括审美、效能、意义和情感四个维度，与人的主观感受息息相关。良好的用户体验对于提升学习效果大有裨益，本研究设计的访谈将从用户体验的视角找寻学习者体验与核心命题之间的印证关系。

一、访谈研究整体设计

（一）访谈目的

本研究尝试通过访谈的形式来了解学习者对当前一些 AR 学习资源的体验，获得有益于优化 AR 画面的信息，并试图通过对访谈结果的分析，实现对部分命题的验证，以及整理出优化 AR 画面的方案。

（二）访谈对象

研究选取 H 大学的 34 名本科生作为访谈对象，其中男生 20 人，女生 14 人，在接受访谈之前，均未接触过 AR 学习资源。

（三）访谈形式

研究采用标准随机开放式访谈法，通过对每个访谈对象提出预定顺序和措辞相同的一套问题，来将偏差降低到最低限度。

（四）访谈时间

研究选取的访谈时间共计 6 天。其间，空出了访谈对象上课、休息的时间，以保证本次访谈不影响被试者正常的学习生活，进而保证访谈的质量。

（五）访谈地点

研究选取的访谈地点为 H 大学某学院会议室，该地点较为安静，保证访谈过程不受外界环境因素干扰。

（六）访谈资源

正式的访谈应建立在访谈对象已经对 AR 学习资源有直观感受的基础之上。但由于本研究中访谈对象之前尚未接触过 AR，因此有必要首先为其提供一些 AR 学习资源，以帮助访谈对象形成用户体验。

随着 AR 技术的发展，越来越多的网站开辟了属于自己的 AR 频道，并上传了一些可供娱乐和学习的 AR 资源。其中，"百度 AR" 在发展浪潮中名列前茅。学习者只要通过"手机百度" APP 即可裸眼在线观看 AR 学习资源，大大降低了 AR 的使用成本。

目前，"百度 AR" 中已经设立了 9 大频道，分别为"动物园""植物园""科普馆""明星馆""汽车馆""实效运行馆""大片馆""汉语馆"和"公益馆"，累计数百个 AR 资源，资源仍在不断更新中。考虑到本研究中访谈对象的年龄特征，研究选取其中具有普适意义的代表性 AR 学习资源，用于学习者正式访谈前的体验。

具体来说，研究选取的 AR 学习资源包括：黑斑羚、栀子花、太阳系、国产航母、潍坊风筝、曾侯乙编钟、东方明珠塔、有机分子、安培定律、雪佛兰探界者。10 种资源的详细说明如表 7-27 所示。

（七）访谈问题

研究预设的访谈问题包括两道题目：

问题 1：针对知识学习，你认为刚刚体验的 AR 学习资源有何优点？请逐一说明。

问题 2：针对知识学习，你认为刚刚体验的 AR 学习资源有何不足？请逐一说明。

另外还有一道"问题 3"是建立在对问题 1、2 访谈结果的基础上进行的，将在"访谈数据"部分提及。

（八）访谈过程

第一步：访谈者（研究者本人）向访谈对象说明本次访谈的目的，强调访谈对象的观点无好坏之分，访谈结果仅用于科研及 AR 学习资源建设，以此来打消访谈对象的顾虑。

第二步：访谈者指导访谈对象完成对指定 AR 学习资源的体验，并告知访谈对象需要访谈的问题，引导其边体验边思考。

第三步：访谈者逐一与访谈对象进行面谈，并利用录音笔记录访谈对象的观点。

第四步：访谈过程中，访谈者根据访谈对象的回答适时发问，引导其更加深入地思考。

第五步：访谈结束，访谈者向访谈对象表达感谢，并邀请其参与后续研究。

表 7-27 访谈研究选取的 AR 学习资源

序号	资源名称	资源截图	所属频道	简单描述
1	黑斑羚		动物园	1.资源加载时，呈现黑斑羚从大门中走出的动画。而后，屏幕上呈现"黑斑羚"的文字标题，同时设备播放关于黑斑羚的介绍（点击标题，可重复播放解说） 2.点击屏幕上的"信息"按钮后，屏幕上呈现三个按钮："角像竖琴""跳跃力强""植食动物"，点击对应按钮，可得到相应语音解说 3.学习者可以对"黑斑羚"的 3D 模型执行移动、缩放、旋转操作，单击模型，可听到黑斑羚的叫声
2	栀子花		植物园	1.资源加载时，呈现"栀子花"的 3D 模型及文字标题，同时设备播放关于栀子花的语音解说（点击标题，可重复播放解说）。解说完毕播放背景音乐 2.点击屏幕上的"花朵"按钮后，屏幕上呈现三个子按钮："浇水""施肥""光照"，点击对应按钮，可得到相应的文本及语音介绍，同时播放 3D 模型的动画特效 3.学习者可以对"栀子花"的 3D 模型执行移动、缩放、旋转操作，单击模型，可以看到栀子花的摇曳动画
3	太阳系		科普馆	资源加载时，呈现"太阳系"的 3D 模型及各星球围绕太阳运动的动画，同时设备播放关于太阳系的语音解说。解说完毕，循环播放解说。屏幕上提供"声音"按钮，可用于播放/关闭解说
4	国产航母		科普馆	1.资源加载时，呈现"国产航母"驶入的 3D 动画，随后 3D 模型停留在屏幕中央，同时设备播放背景音乐 2.屏幕中呈现两个按钮："信息"按钮和"返回"按钮。点击"信息"按钮后，背景音乐停止，屏幕上呈现"国产航母"文字标题，同时设备播放关于国产航母的语音介绍。点击"返回"按钮后，可重复观看加载时的驶入动画 3.学习者可以对"国产航母"的 3D 模型执行移动、缩放、旋转操作

续表

序号	资源名称	资源截图	所属频道	简单描述
5	潍坊风筝		科普馆	1.资源加载时，屏幕上呈现"进入游戏"按钮，同时设备播放背景音乐 2.点击"进入游戏"后，屏幕呈现三根竹子的 3D 模型，同时屏幕显示"摇一摇，筛选竹子"的文字提示。学习者摇晃设备，可自动筛选出合适的竹子，此时屏幕显示"破""削""修""弯"的四个选项。按顺序点击按钮，可观看相应动画 3.基本操作结束后，屏幕上呈现三种风筝骨架图片，学习者可任意选择，并点击"浆糊"图标完成糊风筝操作 4.屏幕上继续呈现"绿""黄""红""蓝"四种颜料，并用文字提示学习者可任意选择喜欢的颜色。学习者可通过点击相应颜料来为风筝上色 5.风筝制作完毕，学习者可以将手掌摊开在设备镜头处，实现放飞风筝的操作
6	曾侯乙编钟		科普馆	1.资源加载时，呈现"曾侯乙编钟"的 3D 模型，同时设备播放背景音乐 2.学习者点击 3D 模型的指定位置后，可听到编钟发出的声音。学习者点击屏幕上的"信息"按钮后，可以看到"曾侯乙编钟"文字标题，同时设备播放关于曾侯乙编钟的语音解说 3.学习者可以对"曾侯乙编钟"的 3D 模型执行移动、缩放、旋转操作。相关操作手势在屏幕中有文字提示
7	东方明珠塔		科普馆	1.资源加载时，呈现"东方明珠塔"的 3D 模型，同时屏幕呈现"东方明珠塔"的文字标题，设备播放相关语音介绍 2.屏幕呈现两个按钮："信息"按钮和"声音"按钮。"信息"按钮可用于显示/隐藏文字标题，"声音"按钮可用于播放/停止语音解说 3.学习者可以对"东方明珠塔"的 3D 模型执行移动、缩放、旋转操作。同时，在点击指定位置后，可以获得关于该位置的文字和语音介绍

序号	资源名称	资源截图	所属频道	简单描述
8	有机分子		科普馆	1.资源加载时，呈现手势提示和"开始"按钮 2.点击"开始"按钮后，屏幕呈现"甲烷""乙烯""乙炔""苯"的分子图标和分子简式，以及目标分子式。学习者可按照提示点击相应图标，来实现分子组合。当组合分子式与目标分子式相符时，屏幕自动播放分子组合动画 3.学习者可点击"下一个"按钮来开启新的目标分子组合过程
9	安培定律		科普馆	1.资源加载时，呈现手势提示和"开始"按钮 2.点击"开始"按钮后，屏幕呈现"直线电流""环形电流""螺线管电流"三个选项供学习者选择。同时，屏幕自动播放"直线电流"的安培定律解释动画，并伴有语音解说 3.屏幕提供"信息"按钮用于显示/隐藏文字说明
10	雪佛兰探界者		汽车馆	1.资源加载时，呈现手势提示和"立即开启 AR 看车"按钮 2.点击"立即开启 AR 看车"按钮后，屏幕呈现"雪佛兰探界者"的 3D 模型及"调色盘""文档""播放"三个选项供学习者选择。学习者可以点击"调色盘"按钮为汽车上色，可以点击"文档"按钮获得关于该汽车的性能介绍（文字形式呈现），可以点击"播放"按钮观看该汽车的行驶动画及时速信息 3.学习者可以对"雪佛兰探界者"的 3D 模型执行移动、缩放、旋转操作。同时，在点击指定位置后，可以观看汽车动画（如开启车门），还能进入车体的内部 360 度（通过移动呈现设备实现）观看汽车内饰

二、数据统计与分析

（一）数据统计

1. AR 学习资源优缺点分析

将由录音笔录制的访谈对象观点（针对问题 1、2）整理成文本材料，导入质性分析软件 Nvivo 10 中，对其进行编码和主题构建。为保证编码的效度，由两名研究者同时编码，并进行交叉复核及讨论。如两位编码者之间存在异议，则引入第三方编码者参与协商。最后，两位编码者的合集为自由节点的结果。[①]

具体编码步骤为：①使用浏览编码的方法，逐句阅读每一条观点记录，将可以反映访谈对象提出 AR 学习资源优缺点的相关要素词句标记为自由节点，并进行编码。共整理出自由节点 22 个，其中参考点 334 处。②依据 AR 画面设计操作模型制定访谈内容分析框架（如表 7-28 所示），包括 3 个一级指标和 15 个二级指标。③建立两大访谈对象观点核心主题"优点""缺点"节点，按照表 7-28 所示分析框架的一级指标和二级指标建立基本子节点，形成树状节点。将上述二级编码分类整理到树状节点中，主要的节点关系如表 7-28 所示。

表 7-28 访谈内容分析框架及编码案例（以某访谈者的评价为例）

一级编码	二级编码	优点	缺点
注释设计	语义融合	（栀子花）配有诗句，实现了知识的拓展	（未指出）
	语用融合	（国产航母）的开场动画很吸引人，营造出震撼感	（未指出）
	语构融合—关联匹配	（未指出）	（未指出）
	语构融合—要素选择	（黑斑羚）伴有语音简介，便于理解	（太阳系）没有用文字标明远近日点、行星和行星之间的距离
	语构融合—属性设置	（未指出）	（黑斑羚）模型设计不太清晰，缺乏真实感
场景设计	语义融合	（未指出）	（未指出）
	语用融合	（未指出）	（未指出）
	语构融合—关联匹配	（未指出）	（未指出）
	语构融合—要素选择	（未指出）	（东方明珠塔）单独的东方明珠塔显得太突兀，缺乏对其所处环境背景的展示
	语构融合—属性设置	（未指出）	（未指出）

① 王雪, 周围, 王志军, 等. MOOC 教学视频的优化设计研究——以美国课程中央网站 Top20 MOOC 为案例[J]. 中国远程教育, 2018, (05): 45-54.

一级编码	二级编码	优点	缺点
交互设计	语义融合	（未指出）	（国产航母）通过手势，无法进入航母内部进行观看
	语用融合	（未指出）	（曾侯乙编钟）只能敲响三个钟，容易让人失去兴趣
	语构融合—关联匹配	（未指出）	（未指出）
	语构融合—要素选择	（潍坊风筝）采用游戏互动式设计，可通过手势操纵，体验感强	（未指出）
	语构融合—属性设置	（黑斑羚）可实现 360 度无死角观察	（未指出）

　　为了更加直观地呈现出各要素的重要程度，采用客观赋权法将其分为五个等级：最大参考点数 Amax 为 92，最小参考点数 Amin 为 0，划分范围为（Amax-Amin）/5=18，则第一等级为 92~74，权重值为 5，表示"非常重要"；第二等级为 73~55，权重值为 4，表示"很重要"；第三等级为 54~36，权重值为 3，表示"比较重要"；第四等级为 35~17，权重值为 2，表示"重要"；第五等级为 16~0，权重值为 1，表示"有点重要"。访谈对象观点的质性分析结果如表 7-29 所示。

　　由表 7-29 可知，在访谈对象提出的观点中，有 62.28% 和 33.22% 分别涉及对注释设计和对交互设计的评价，仅有 4.50% 的观点认为应当对 AR 画面的场景加以干预，应当选用合适的场景与 3D 模型相配。造成这一低比例的原因可能是访谈对象对 AR 技术缺乏充分的了解，没有意识到场景是可以干预的。为进一步探讨这个问题，本研究将在"AR 画面场景干预必要性分析"部分做针对性的研究。

　　在对注释设计的评价中，"语义融合"占比最高，说明学习者对 AR 画面能否充分表达知识信息，真正帮助其提升学习效果十分期待。从目前的结果来看，AR 的优势体现在对知识的形象化表达上，而不足在于 AR 资源可以承载的信息量十分有限，学习者难以仅凭 AR 获得自己想要了解的全部信息。"语构融合—要素选择"和"语构融合—属性设置"也是占比较高的项目，学习者普遍认可背景音乐、动画、3D 模型在营造学习情境方面的作用，但目前存在的问题主要有两个：一是"文""声"结合不理想，大多数资源仅用语音传递信息，没有适当地用文字对关键内容加以标注，使得学习者所获得的信息稍纵即逝；二是 3D 模型的设计还不够精细化，特别是学习者普遍对"栀子花"的 3D 模型提出诟病，认为其设计没有考虑到色彩和纹理，看上去不自然，有"塑料感"。

　　在对交互设计的评价中，"语构融合—要素选择"和"语构融合—属性设置"占比最高。学习者普遍喜欢在观看 AR 画面时，能实现交互以控制自己的学习进度，其中尤以"触屏交互"最受青睐。但目前的一个较为集中的问题是，难以用触屏手势实现对 3D 模型的自如操作，特别是旋转操作。这说明，访谈研究中所用的 AR 资源在旋转手势的设计上并未充分考虑学习者的习惯，至于什么样的旋转手势更适合学习者，本研究将在"基于视频分析的模型验证"部分加以探讨。除此之外,交互线索的缺失也是学习者对 AR 资源不太满意的地方。大多数学习者都希望不仅看到 3D 模型的外形,还希望看到 3D 模型的内部结构,但许多 AR 资源并未实现这一功能。仅有"雪佛兰探界者"允许学习者观看内饰,但并未给出进入内饰的明确指示,以至于很多访谈对象没有发现这一功能。

表 7-29 访谈对象观点分析结果

一级框架（比例）	二级框架（比例%）	具体优点（权重）	具体缺点（权重）
注释设计（62.28%）	语义融合（27.54）	以形象化的方式对知识进行了准确表达（3）	知识量小,缺乏足够的有效信息（4）;知识叙述简单,缺乏迁移环节（1）
	语用融合（1.50）	有利于提升学习兴趣（1）;对提升低龄儿童的学习尤其有效（1）	画面设计未对小孩与老人这样特殊年龄段的人加以区分（1）;无法同时支持横屏与竖屏体验（1）
	语构融合—关联匹配（0.30）	（未提及）	模型的稳定性不强,难以与背景充分贴合（1）
	语构融合—要素选择（17.07）	背景音乐的添加消除了学习中可能出现的枯燥感（2）;采用动画效果更易于营造情境（2）	个别资源的声音语速过快、机械化严重（1）;少有资源利用文字对关键信息进行标注（2）
	语构融合—属性设置（15.87）	3D 模型的立体感较普通图片更有优势（2）	3D 模型的制作不够精细,缺乏足够的真实感（2）
场景设计（4.50%）	语义融合（0.00）	（未提及）	（未提及）
	语用融合（0.00）	（未提及）	（未提及）
	语构融合—关联匹配（0.00）	（未提及）	（未提及）
	语构融合—要素选择（4.50）	少数资源提供的背景可以起到烘托作用（1）	缺乏合适的背景与 3D 模型相匹配（1）
	语构融合—属性设置（0.00）	（未提及）	（未提及）
交互设计（33.22%）	语义融合（2.98）	（未提及）	无法通过交互看到 3D 模型的内部结构（1）
	语用融合（0.00）	（未提及）	（未提及）
	语构融合—关联匹配（0.00）	（未提及）	（未提及）

一级框架（比例）	二级框架（比例%）	具体优点（权重）	具体缺点（权重）
交互设计（33.22%）	语构融合—要素选择（15.87）	可以通过触屏的方式与 3D 模型产生互动（3）；可以通过触屏的方式自由控制声音的播放（1）	缺乏选键按钮，对于语音叙述长的资源不利（1）
	语构融合—属性设置（14.37）	（未提及）	利用手势难以对 3D 模型实现自如旋转（3）；缺乏必要的交互指示（1）

2. AR 画面场景干预必要性分析

研究发现，访谈对象较少提及关于场景干预的问题，他们更多地把关注点放在注释设计和交互设计方面，这可能源于他们并未意识到场景干预在 AR 画面中所起的作用。针对这一不足，本次访谈增加了"问题 3"环节，尝试让访谈对象对不同（场景干预的有无）AR 画面做出评判。为提高结果的可信度，本研究选用了"桃花"和"荷兰风车"两类素材进行场景干预有无的对比，具体内容如下：

问题 3：针对知识学习，你认为以下两组 AR 画面（如图 7-6 所示）中，哪两个更有益于学习？

研究要求访谈对象选出其认为更有利于学习的 AR 画面，结果如表 7-30 所示。

学习者的选择偏好在一定程度上也可反映其学习效果。由表 7-30 可知，在"桃花"和"荷兰风车"两个 AR 学习资源的画面评价方面，选择"有场景干预"的学习者人数远多于选择"无场景干预"的学习者人数，比例分别为：桃花 70.59% vs 29.41%，荷兰风车 79.41% vs 20.59%。

(a) R 无干预（组 1）　　(b) R 有干预（组 1）　　(c) R 无干预（组 2）　　(d) R 有干预（组 2）

图 7-6　两组不同场景的 AR 画面

表 7-30 关于场景干预有无 AR 画面的学习者选择倾向

AR 资源	场景干预有无	示例图	选择人数	选择比例（%）
桃花	无场景干预		10	29.41
	有场景干预		24	70.59
荷兰风车	无场景干预		7	20.59
	有场景干预		27	79.41

（二）访谈结论

通过上述分析，可以发现访谈研究的结果可以实现对 AR 画面设计模型的部分验证（有些项目没有被提及可能源于访谈资源和访谈对象的数量有限）。在设计 AR 画面时，需要同时考虑注释设计、场景设计和交互设计，其中，注释设计和交互设计尤为关键。

在具体设计方面，需充分考虑语义融合、语用融合和语构融合三个层面，知识的表达要注意准确性、完整性和适合性（适合学习者的需求）；要素选择应注意"文""声"的恰当搭配、背景音乐和动画的合理运用、R 画面场景的必要干预、交互功能的合理添加；属性设置应注意 3D 模型的细化处理、旋转手势的合理设计以及交互线索的适时提供。

在以上需要注意的事项中，"'文''声'的恰当搭配""背景音乐和动画的合理运用"部分反映了命题 6 的观点，"R 画面场景的必要干预"部分反映了命题 17 的观点，"交互功能的合理添加""旋转手势的合理设计""交互线索的适时提供"分别部分反映了命题 20、24 和 25 的观点。

第三节 基于内容分析的模型验证

在访谈研究中，不少学习者提出了手势操作困难的问题。当学习者的动作与其想要达到的目的不一致时，势必会给学习者带来不必要的认知负荷，进而干扰其正常学习进程。通过对"百度 AR""天眼 AR""视+AR""AR/VR 云设计""Wikitude"等 AR 制作平台的分析，发现不同类型的 AR 平台在处理手势交互方面存在不一致性。例如，"天眼 AR"在执行旋转模型操作时，采用了"双指选中对象，水平向左或向右滑动"的手势；"AR/VR 云设计"在执行旋转模型操作时，则采用了"单手选中对象，任意方向滑动"的手势。

一、内容分析整体设计

（一）分析目的

命题 24 曾经指出了不同的交互手势类型对学习效果的影响。面对目前交互手势混乱的状况，本研究尝试通过视频内容分析来挖掘大多数学习者所惯有的手势，从而提出 AR 画面中符合学习者需要的手势设计方案。

（二）内容抽样

内容分析所需的样本来自预先录制的视频。具体过程：①邀请 H 大学 60 名本科生体验 AR 学习资源，但预先未给出手势提示，时长为 5~10min；②在学习者体验的过程中，全程佩戴 SIM Glass 眼镜式眼动仪，该眼动仪能以视频形式记录学习者的操作过程；③导出并整理操作过程视频；④逐一观看视频，并从中截取学习者首次进行模型交互的视频片段作为样本，用于本研究的内容分析。选取首次交互片段的原因是：可以观察学习者下意识的触屏手势交互行为，该行为符合学习者的交互习惯。

（三）分析类目

内容分析类目表格由研究者根据需要自行设计。鉴于此次内容分析的目的在于了解学习者的手势交互偏好，本研究尝试探讨与三类交互意图（移动、缩放、旋转）相关的触屏手势，并记录每种手势（具体手势出自王中宝[①]总结的内容）出现的频次，如表 7-31 所示（S 表示学习者）。

表 7-31 视频中交互意图相关触屏手势分析类目（针对首次模型交互片段）

交互意图	触屏手势	S1	S2	S3	......	S60
移动	单指任意方向拖拽					
	双指任意方向拖拽					
	三指任意方向拖拽					
	四指任意方向拖拽					
	五指任意方向拖拽					

① 王中宝. 触屏手机中手势交互的设计研究[D]. 无锡:江南大学, 2013.

交互意图	触屏手势	S1	S2	S3	......	S60
缩放	双指垂直方向开合					
	双指水平方向开合					
	双指倾斜方向开合					
	三指任意方向开合					
	四指任意方向开合					
	五指任意方向开合					
旋转	单指任意方向旋转					
	双指任意方向旋转（双指同时）					
	双指任意方向旋转（一指固定、一指旋转）					
	三指任意方向旋转					
	四指任意方向旋转					
	五指任意方向旋转					

（四）评判记录

评判采用频次记录法，即按分析单元（学习者个体），依顺序在表 7-32 所示的相关类目栏只能够以"√"为记号进行记录。例如，假设视频中显示学习者 S1 采用了"单指任意拖拽"的手势试图移动 3D 模型，那么就在"单指任意拖拽"与"S1"相交叉的单元格内打"√"。

为保证内容分析的信度，除研究者本人（评判员 A）外，特邀请一名教育技术学硕士研究生作为评判员（评判员 B）参与本次评判记录。

（五）信度分析

本研究中，评判员 A 为主评判员，评判员 B 为助理评判员。表 7-32 呈现了两个评判员的评判记录。注意：需要统计的项目数为 180 个，计算方法为 3（交互意图数目）×60（学习者）人数。

表 7-32 评判结果登记表（对应评判员 A、B）

项目号	交互意图对应手势	学习者编号	评判员 A	评判员 B
1	移动手势	S1	单指向任意方向拖拽	单指向任意方向拖拽
2	移动手势	S2	单指向任意方向拖拽	单指向任意方向拖拽
3	移动手势	S3	单指向任意方向拖拽	单指向任意方向拖拽
......	......	......	......	......
S178	旋转手势	S58	单指向任意方向旋转	单指向任意方向旋转
S179	旋转手势	S59	双指向任意方向旋转（一指固定、一指旋转）	双指向任意方向旋转（一指固定、一指旋转）
S180	旋转手势	S60	单指向任意方向旋转	单指向任意方向旋转

由表 7-32 可知，对于评判员 A、B 之间，除了第 10 项、第 11 项意见不一致外，其余 178 项都是意见一致。因此，他们之间的相互同意度为：

$$K_{AB} = \frac{2 \times 178}{180 + 180} \approx 0.99$$

由 K_{AB} 的值可计算出两位评判员的评判信度：

$$R = \frac{2 \times 0.99}{1 + [(2-1) \times 0.99]} \approx 0.99$$

经过信度分析后，根据经验如果信度大于 0.90，则可以把主评判员的评判结果作为内容分析的结果。本研究中评判员 A、B 的内容分析信度值约为 0.99，满足"大于 0.90"的条件。

二、数据统计与分析

（一）数据统计

依据主评判员（评判员 A）的评判记录，可对交互意图与触屏手势之间的匹配频次进行统计（记录频次时，将"√"视为"1"），结果如表 7-33 所示。

由表 7-33 可知，在 3D 模型的"移动"手势方面，采用"单指任意方向拖拽"手势的学习者占绝大多数，为 90.00%，"双指任意方向拖拽"次之，占比为 10.00%，其他手势则几乎没有学习者用到；在 3D 模型的"缩放"手势方面，学习者主要采用"双指开合"的方式完成相应操作，其中"双指倾斜方向开合"占比最高，为 73.33%，"双指垂直方向开合"和"双指水平方向开合"分别占 20.00% 和 6.67%，其他手势未涉及；在 3D 模型的"旋转"手势方面，"单指任意方向旋转"为多数学习者所青睐，占比为 58.33%，"双指任意方向旋转（双指同时）""双指任意方向旋转（一指固定、一指旋转）"分列二、三位，占比分别为 31.67%、10.00%，三指、四指、五指的情况未见。

表 7-33 视频中交互意图与触屏手势之间的匹配频次（针对首次模型交互片段）

交互意图	触屏手势	匹配频次	匹配百分比（%）
移动	单指任意方向拖拽	54	90.00
	双指任意方向拖拽	6	10.00
	三指任意方向拖拽	0	0.00
	四指任意方向拖拽	0	0.00
	五指任意方向拖拽	0	0.00
缩放	双指垂直方向开合	12	20.00
	双指水平方向开合	4	6.67
	双指倾斜方向开合	44	73.33
	三指任意方向开合	0	0.00
	四指任意方向开合	0	0.00
	五指任意方向开合	0	0.00

交互意图	触屏手势	匹配频次	匹配百分比（%）
旋转	单指任意方向旋转	35	58.33
	双指任意方向旋转（双指同时）	19	31.67
	双指任意方向旋转（一指固定、一指旋转）	6	10.00
	三指任意方向旋转	0	0.00
	四指任意方向旋转	0	0.00
	五指任意方向旋转	0	0.00

（二）分析结论

通过上述分析，可以发现学习者所倾向的模型操作手势是较为集中的，特别是在移动和缩放方面，手势类型差别不大。单指和双指操作是学习者主要采用的手势类型，反映出学习者在利用手势与 AR 画面交互时，更喜欢用相对简洁的方式。"单指任意方向拖拽"是移动手势的主要类型，"双指开合"（包括垂直方向、水平方面、倾斜方向）是缩放手势的主要类型，这一结果与学习者长期以来使用触屏手机的习惯相符，基本可以将这两类手势用于 AR 画面中 3D 模型的移动和缩放交互设计中。

第八章 AR 画面设计之策略分析

AR 画面设计研究的最终目的在于为设计者提供科学、合理的 AR 画面设计策略，从而进一步优化 AR 学习资源，使 AR 技术真正为促进学习而服务。前文已经构建出 AR 画面设计的理论模型与操作模型，力求使 AR 画面设计成为流程性的活动。然而，仅有模型还不足以指导具体的设计工作，经验水平的差异可能导致设计者的作品参差不齐，因此有必要深入探索 AR 画面设计的科学策略以指导具体实践。

围绕 AR 画面设计操作模型，已经整理出有可能影响 AR 学习效果的 25 个核心命题。为验证命题的合理性，第七章通过实验研究、访谈研究和内容分析三种方式对部分命题进行了讨论。实验研究的目的在于通过探讨现象中的因果关系，从中发现一定的规律，验证部分核心命题，总结出相应的策略，从而更好地指导 AR 画面设计实践；访谈研究和视频内容分析的目的在于对通过实验研究难以验证的命题进行探究，进而整理出有助于 AR 画面设计的策略。

由于 AR 画面设计包含注释设计、场景设计和交互设计三大类别，因此对 AR 画面设计策略的探讨也应从这三方面进行。

第一节 注释设计策略

一、相关分析

本部分将结合实验研究和访谈研究的结论，分别对命题 6、8、10、14 进行分析。

（一）关于命题 6 的分析

命题 6 指出，A 画面中文声要素注释的不同方式（文、声、图/像+文、图/像+声、图/像+文+声）对 AR 学习效果的影响存在显著差异。

在命题 6 中，"文""图/像"属于视觉化信息，"声"属于听觉化信息，AR 学习材料设计的一个关键的问题在于是否需要在视觉信息的基础上添加听觉信息。多媒体学习认知理论认为，多媒体学习中同时存在通道效应和冗余效应。按照通道效应的观点，工作记忆对视觉信息和听觉信息的加工是分离的，综合利用多种信息呈现形式，可以提高工作记忆的使用量，增进学习效果，因此声音的添加是必要的；按照冗余效应的观点，如果将相同的信息以多种方式同时呈现，学习者会将冗余的信息同时进行加工，导致外在认知负荷增加，降低学习质量[①]，因此声音的添加是多余的。由此来看，通道效应和冗余效应存在矛盾，无法判断是否应该添加声音信息。

[①] 庞维国. 认知负荷理论及其教学涵义[J]. 当代教育科学, 2011, (12)：23-28.

然而值得注意的是，冗余效应的产生需要满足一个前提条件：信息相同，即视、听觉信息应当表达相同的内容。游泽清曾指出，多媒体教材中的声音媒体包含三种形式：解说、背景音乐和音响效果，其中，解说表"意"、背景音乐表"情"、音响效果表"真"。[①]

可见，只有解说可能产生冗余效应（对解说的探讨将在"关于命题 8 的讨论"部分进行），而背景音乐所传递的信息与文、图/像表达的内容不存在直接联系，且不占用视觉通道，理论上不会对学习造成干扰。

在访谈研究中，部分学习者谈到了 AR 学习材料中背景音乐的作用，他们认为背景音乐的出现消除了学习过程中可能出现的枯燥感。这一观点与游泽清对背景音乐作用的看法一致：背景音乐可作为陪衬，用以烘托画面或解说；可延伸解说或文本内容的意境；可营造无法用语言、文字表达的气氛。因此，AR 画面中，背景音乐的添加是有益的，但要考虑音画匹配，且不能喧宾夺主。

（二）关于命题 8 的分析

命题 8 指出，A 画面中文声要素注释的不同方式（文、声、图/像+文、图/像+声、图/像+文+声）与学习者学习风格（视觉型、听觉型）的不同组合对 AR 学习效果的影响存在显著差异。

命题 8 依然涉及是否需要给 AR 学习材料添加声音的问题。在"关于命题 6 的讨论"部分已经谈到了解说的出现有可能同时产生通道效应和冗余效应，那么当声音为解说类型时，是否需要将其添加进 AR 画面中呢？如果需要，是让其单独出现，还是与文字信息同时出现呢？换言之，通道效应和冗余效应的作用，哪个更大呢？

冯小燕在其博士学位论文中曾指出：在移动学习资源画面中，当采用音频形式呈现学习支架信息时，信息的描述程度应尽量详细；当采用文本形式呈现学习支架信息时，信息的描述应尽量简明。[②]AR 学习资源不同于普通的移动学习资源，其一般不承载全部的知识内容，而只是作为传统学习资源的必要补充，因此信息描述通常较为简明。那么，对于简明信息"文""声""文+声"注释方式孰优孰劣呢？实验 1 通过主效应分析和 LSD 成对比较，对该问题进行了回答：由"声"引起的认知负荷最高，最不利于学习效果的提升。"文""文+声"对学习效果的影响则无显著差异。因此，在 AR 画面中，通道效应的作用较冗余效应更为明显。

命题 8 还提到了学习风格及注释方式与学习风格的交互作用对学习效果的影响。实验 1 通过主效应检验和 LSD 成对比较发现听觉型学习者的学习效果劣于视觉型学习者，需要着重关注如何为听觉型学习者提供合理的 AR 画面。实验 1 还通过交互检验确定了注释方式与学习风格存在显著交互作用，学习者对认知通道的偏好会在一定程度上影响学习者的学习效果："文"更适合视觉型学习者，"声"更适合听觉型学习者，"文+声"对于听觉型和视觉型的影响无太大差异。对于"视觉型"学习者，"文"和"文+声"的学习效果均优于"声"，"文"与"文+声"学习效果差异不大；对于听觉型学习者，"声"和"文+声"的学习效果均优于"文"，"声"学习效果略差于"文+声"。

因此，需根据学习者的不同学习风格来选择 A 画面"文""声"的注释方式："声"不利于视觉型学习者，"文"不利于听觉型学习者。

① 游泽清. 多媒体画面艺术设计（第 2 版）[M]. 北京:清华大学出版社, 2013.
② 冯小燕. 促进学习投入的移动学习资源画面设计研究[D]. 天津:天津师范大学, 2018.

（三）关于命题 10 的分析

命题 10 指出，A 画面中图"维度"要素的（2D 图片、3D 模型）与学习者空间能力（低空间能力、高空间能力）的不同组合对 AR 学习效果的影响存在显著差异。

科学学科中常常存在各种各样复杂的空间关系，对学习者的空间认知能力提出了更高的要求[①]。研究发现，空间能力以不同的方式影响各种类型的学习效果。作为空间能力的一个组成成分，心理旋转能力是对二维或三维图像表征的旋转能力，决定学习者对于空间关系的理解。实验 2 通过主效应分析和 LSD 成对比较发现，高空间能力学习者在理解烷烃结构时，学习效果明显优于低空间能力学习者，这一结论与心理旋转能力的特征相符。因此，在表达空间关系的知识时，应重点考虑如何为低空间能力学习者提供合适的 AR 画面。

AR 提供给学习者的 3D 模型比 2D 图片更具真实感，学习者通过对 3D 模型进行的缩放、移动、旋转等操作来以一种更为具身的方式建构对空间关系的认知，进而提升空间想象和思维能力。一些研究者关注了 3D 模型与空间能力的关系，将空间能力作为因变量，探讨 3D 模型对提升空间能力的作用，并得出了积极的结果。然而，空间能力也可能作为自变量来影响 3D 模型的学习效果。实验 2 通过主效应分析、交互分析和 LSD 成对比较发现，学习者使用"3D 模型"的学习效果明显优于"2D 图片"，且这种优势在低空间能力学习者和高空间能力学习者中同时存在。"3D 模型"的优势还突出表现在对学习动机的激发方面，其能有效激发学习者的注意动机、关联动机、自信动机和满意动机。

（四）关于命题 14 的分析

命题 14 指出，A 画面中文要素的呈现位置（邻近位置、随机位置、固定位置）与呈现设备（智能手机、平板电脑）的不同组合对 AR 学习效果的影响存在显著差异。

认知心理学家斯威勒（Sweller）等在认知负荷理论的指导下，通过研究发现了影响学习效果的"注意分散效应（Split-attention Effect）"，即当涉及多来源的信息在物理上被整合时，学习者为降低对有限工作记忆的压力而释放出认知容量进行其他的信息处理，从而导致注意分散。为避免多媒体学习过程中出现"注意分散效应"，Mayer 提出了"空间邻近原则（Spatial Contiguity Principle）"：多媒体材料中对应的图文信息邻近呈现比远离呈现更加有利于学习。为检验空间邻近原则的有效性，很多研究者通过实验对其加以验证。王玉鑫等[②]对相关研究进行了元分析，证实了空间邻近原则可以在促进学习的识记、深层理解方面发挥更大的作用。

已有的研究多是针对传统多媒体画面而展开，AR 画面作为新型的多媒体画面，是否也应遵循空间邻近原则呢？实验 3 通过主效应分析和 LSD 成对比较发现，"邻近位置"的学习效果明显优于"随机位置"和"固定位置"，表现为平均瞳孔直径小、外在认知负荷低、保持测验成绩高，可以有效避免注意分散效应的出现，证明空间邻近原则在 AR 画面中仍然适用。

已经确定"邻近位置"的优势，那么如何选择合适的呈现设备呢？智能手机和平板电脑是学习者日常生活中经常用到的电子设备，一般智能手机的屏幕尺寸要小于平板电脑。屏幕尺寸不同，目标点和文字信息之间的视觉距离也较小，在这种情况下，"邻近位置"的优势是否依然明显呢？实验 3 通过交互分析发现，呈现位置与呈现设备之间不存在明显的交互作

---

① 张四方，江家发. 科学教育视域下增强现实技术教学应用的研究与展望[J]. 电化教育研究，2018，(07)：64-69，90.
② 王玉鑫，谢和平，王福兴，等. 多媒体学习的图文整合：空间邻近效应的元分析[J]. 心理发展与教育，2016，(05)：565-578.

用，即无论是采用智能手机还是平板电脑，"邻近位置"都是最优选择。另外，实验 3 还通过主效应分析发现，学习者使用智能手机和平板电脑的学习效果没有明显差别，但学习者在观看智能手机时，往往需要付出比平板电脑更多的努力，平板电脑的学习效果略占优。因此，在同等条件下，平板电脑可以作为优选项。

二、设计策略

根据以上分析，提出 AR 画面注释设计的设计策略如下。

● 策略 1-1：当 AR 画面中不存在声音信息时，可以适当添加背景音乐来烘托氛围、消除学习者的倦怠感。但需要注意背景音乐的选择应与知识内容相关，且不能喧宾夺主。

● 策略 1-2：当 AR 画面欲传递的信息较为简明时，应避免只出现解说的情况，尽量用文字来呈现相关信息。设计 AR 画面时，应关注不同学习风格学习者的需要，特别是要为听觉型学习者提供合理的"文""声"搭配方案，以尽可能缩小其与视觉型学习者的差距。具体来说，可以为视觉型学习者仅提供"文字"信息，而为听觉型学习者提供"文字+解说"信息。

● 策略 1-3：当 AR 画面欲通过"图"来展现具有空间特征的事物时，应为学习者提供"3D 模型"而非"2D 图片"。设计 AR 画面时，应关注不同空间能力学习者的需要，特别是要为低空间能力学习者提供合理的"图"维度设置方案，以尽可能缩小其与高空间能力学习者的差距。具体来说，应当优先为低空间能力学习者提供 3D 模型。

● 策略 1-4：当 AR 画面需提供关于某一目标点的文字注释信息时，应保证将文字呈现在与目标点邻近的位置。设计 AR 画面时，要考虑不同屏幕尺寸呈现设备的选择问题，以确保学习效果的最优化。具体来说，应优先选择屏幕尺寸较大的平板电脑而非屏幕尺寸较小的智能手机。

第二节 场景设计策略

AR 画面的"场景设计"强调对 R 画面进行合理干预，通过要素选择和属性设置来实现R、A 画面在时间、空间、内容上的关联匹配。根据前文对 R 画面要素及属性的分析，R 画面中共包含景、场、交三大类要素，场景设计主要针对景、场两类要素展开。

针对特定的知识内容、学习对象和媒介条件，应当如何正确选择 R 画面的要素并对其属性进行合理设计呢？前文在"场景设计的核心命题"部分已经整理出 3 个命题（命题 17~命题 19），分别涉及 R 画面的要素选择和属性设置两大方面。第七章在质性研究的访谈部分，从访谈对象的观点中获取到部分有益于场景设计的内容（与命题 17 相呼应），可以将这部分内容归纳为场景设计策略。

一、相关分析

本部分将结合质性研究的结论，对命题 17 进行分析。

命题 17 指出，R 画面中"景"要素表达内容与 A 画面关联的类型（无关联、从属关联、并列关联、因果关联）对 AR 学习效果的影响存在显著差异。

体验学习理论认为，学习的起点在于"具体体验"，通过即时性的情境觉察来获得的直觉经验是人类认识的本源。现实世界为学习者所熟悉，其中包含有大量的语境线索可以与学习者的知识经验相联系，从而推动体验学习的发生。AR 画面由 A 画面和 R 画面构成，其中 R 画面是通过对现实世界摄录而获得。可以说，AR 画面已经具备为学习者提供具体体验的功能，此时 A、R 画面之间的契合就显得至关重要。多媒体学习的连贯性原则（Coherence Principle）强调学习材料的内在一致性，反映到 AR 画面中，应当保证 A、R 画面内容相关，尽可能将无关信息排除在外。在保证内容相关的前提下，还应考虑 R 画面中"景"要素表达内容与 A 画面关联的类型，学习者通过不同关联类型所构建的图式可能存在差别，对知识的理解也有所差异。

在访谈研究部分，主要针对"无关联"和"并列关联"两种 A、R 画面的关联类型征求了学习者的意见。研究选取了"桃花"和"荷兰风车"两个 AR 素材作为 A 画面的内容，对 R 画面均采用了无关联和并列关联两种干预方式，要求访谈对象选出有益于学习的干预方式。其中，无关联指不对 R 画面进行干预，R 画面实时显示与 A 画面无关的摄录内容；并列关联指对 R 画面进行干预，R 画面实时显示与 A 画面相同的摄录内容。评分结果显示，对于"桃花"素材，并列关联与无关联的选择比例分别为 70.59% 和 29.41%；对于"荷兰风车"素材，并列关联与无关联的选择比例分别为 70.41% 和 20.59%。可见，并列关联优于无关联，对 R 画面进行场景干预是必要的。

二、设计策略

根据以上分析，提出 AR 画面场景设计的设计策略如下。

策略 2-1：在设计 AR 画面时，不能被动地接受设备所摄录的场景，而应该主动对 R 画面的内容进行干预。干预时，需充分考虑 A、R 画面内容之间的关联，可以在并列关联、从属关联、因果关联之间做出选择，以确保 A、R 画面内容的内在一致性。

第三节　交互设计策略

AR 画面的交互设计强调对 R 画面和 A 画面中的"交"元素进行合理设计，通过要素选择和属性设置来实现 A、R 画面的动态关联。根据前文对 A、R 画面要素及属性的分析，"交"元素同时存在于两种画面中，可用于实现 AR 画面的组接。

针对特定的知识内容、学习对象和媒介条件，应当如何正确选择 A、R 画面的"交"要素并对其属性进行合理设计呢？前文在"交互设计的核心命题"部分已经整理出 6 个命题（命题 20~命题 25），分别涉及 A、R 画面"交"元素的要素选择和属性设置两大方面。第七章通过定量研究的方法对命题 20 进行了验证，并得出相应结论，这些结论可进一步延伸为 AR 画面的交互设计策略。除此之外，在质性研究的访谈部分，从访谈对象的观点中获取到了部分有益于交互设计的内容（与命题 20、24、25 相呼应）；在质性研究的视频分析部分，也从视频中获取到部分有益于交互设计的内容（与命题 24 部分呼应）。可以将这两部分内容也归纳为交互设计策略。

一、相关分析

本部分将结合定量研究和质性研究的结论，分别对命题 20、24、25 进行分析。

（一）关于命题 20 的分析

命题 20 指出，R 画面中"交"要素的有无（无交互、有交互）与 A 画面中"交"要素的有无（无交互、有交互）的不同组合对 AR 学习效果的影响存在显著差异。

多媒体学习的"学习者控制原则"基本已得到多数研究的证实。传统的多媒体学习多采用键盘＋鼠标、触屏等方式对画面中的按钮、进度条等进行操纵以实现画面的组接。AR 技术提供给学习者的交互方式则更为复杂，主要包括 R 画面的交互和 A 画面的交互两大类。R 画面的交互可通过操纵实物、操纵镜头等方式实现，A 画面的交互则可通过语音、手势等方式来完成。A、R 画面的交互均可实现 AR 画面的组接，而这种交互的分类也是本研究的一个创新，暂时未发现有研究对此进行深入探讨。因此，本研究对 R 交互有无和 A 交互有无对学习的影响进行了初步探究。

实验 4 通过主效应分析和 LSD 成对比较发现，"R 有交互"的学习效果略优于"R 无交互"，但优势不明显；"A 有交互"和"A 无交互"的优劣关系处于不稳定状态。实验 4 进一步通过交互分析发现，当 A、R 交互同"无"或同"有"时，学习效果较差，具体表现在外在认知负荷高、保持测验成绩低。因此，应在设置 AR 画面的交互功能时，尽可能避免这种情况发生。

（二）关于命题 24 的分析

命题 24 指出，A 画面中"交"要素的"手势类别"属性（单击、双击、拖动、滑动、手指轻扫、双指张开、双指闭合、长按、摇晃）与知识类型（陈述性知识、程序性知识）的不同组合对 AR 学习效果的影响存在显著差异。

手势具有概念隐喻的功能，能够体现身体运动与感官表象之间的通感关系。手势识别可以将从物理和机械上改变用户与电子设备的交互方式，使交互更加自然、直观，而不再需要中间媒介，具有三维化、自由化、视觉化等特点[1]。借助了触觉的触屏手势则可使得交互界面变得更加自然。然而，目前 AR 设计平台的一些手势设计似乎并不理想。实验 4 发现 A 画面中的手势未能充分发挥其交互优势。访谈研究的结果也表明，学习者难以通过触屏手势对 AR 画面中的 3D 模型进行自如操作，特别是旋转手势的设计与学习者的习惯不相符合。

考虑到目前 AR 设计平台的手势设计并未达成一致，本研究通过视频分析对学习者惯用的操作手势进行了统计。结果显示，学习者在利用手势与 AR 画面交互时，更喜欢用相对简洁的方式。移动手势以"单指任意方向拖拽"为主，缩放手势以"双指开合"为主，旋转手势中"单指任意方向旋转"和"双指任意方向旋转"几乎各占一半。因此，在设计具体手势时，应充分考虑交互意图和大多数学习者的手势习惯，并尽可能避免手势间的冲突。

---

① 徐振国，陈秋惠，张冠文.新一代人机交互:自然用户界面的现状、类型与教育应用探究——兼对脑机接口技术的初步展望[J].远程教育杂志,2018,(04):39-48.

本研究暂时仅对手势类别进行了统计分析，没有考虑手势类别与知识类型之间的关系。

（三）关于命题 25 的分析

命题 25 指出，A 画面中"交"要素的"手势线索"属性（无线索、有线索）与学习者空间能力（低空间能力、高空间能力）的不同组合对 AR 学习效果的影响存在显著差异。

根据具身模拟理论的观点，"执行手势"和"镜像手势"具有相同的效用，即当 AR 画面中出现虚拟手势时，该手势作为一种"线索"而存在，学习者通过观察该手势可以激活镜像神经元，将动作知觉和动作执行进行匹配，准确把握他人的学习意图。从已有的研究看，镜像手势的有无并不能直接决定学习效果，这一过程会受到来自媒体、学生、教学内容等多重因素的影响。从教学内容因素来看，手势与内容意义的一致程度会对学生的学习效果产生重要影响，这种影响对于学习动作类知识尤其显著。

访谈研究中，很多学习者在学习"雪佛兰探界者"时没有观察到该车的内饰，他们提出的改进意见是希望能看到汽车模型的内部结构。然而，事实上内饰是可以看到的，只是缺乏明显的交互线索，使得学习者误以为车门无法打开。结合具身模拟理论的观点，开关车门属于动作类知识，此时的镜像手势应当是有效的。如果能在 AR 画面中生成模拟开关门动作的虚拟手势，或许会让学习者的交互更为便捷，从而尽可能避免"迷航"行为的发生。

本研究暂时仅对手势线索的作用进行了分析，没有考虑手势线索与空间能力之间的关系。

二、设计策略

根据以上分析，提出 AR 画面交互设计的设计策略如下。

策略 3-1：在设计 AR 画面的交互功能时，应从 R 画面的交互和 A 画面的交互两方面进行思考。在确定两种交互的搭配问题时，应尽可能避免两种交互"同无"或"同有"的情况。如果 R 交互不易实施，可仅为学习者提供 A 交互；如果 R 交互容易实施，可以在 R 交互和 A 交互中任选其一。

策略 3-2：在设计 A 画面的交互时，应关注触屏手势的设计，力图使手势类别与学习者的交互意图及手势习惯相符。具体来讲，对于"移动"和"缩放"两种交互意图，应分别配合以"单指任意方向拖拽"和"双指开合"的触屏手势；对于"旋转"交互意图，应保证"单指任意方向旋转"和"双指任意方向旋转"两种触屏手势均可使用。为避免不同交互意图的手势产生冲突，可以在 AR 画面中呈现"移动""缩放"和"旋转"按钮，只有学习者点击某一特定按钮后，才能激活相应触屏手势。

策略 3-3：当 AR 画面中涉及动作类知识时，为吸引学习者的注意，可以在画面中呈现由计算机生成的虚拟手势，用手势模拟真实动作以充当手势线索，辅助学习者完成交互。

第九章 AR画面设计研究之总结展望

顺应AR技术在教育领域蓬勃发展的态势，本书系统、深入地探讨了应当如何优化设计增强现实学习资源画面，取得了一些成果，但也存在一些不足。本章将围绕"本书总结""未来探索"两方面内容进行具体说明。

第一节 本书总结

AR技术拥有巨大的教育应用潜力，但当前AR学习资源的设计与应用尚存在脱节的现象。画面是学习者与AR学习资源对话的接口，也是设计AR学习资源的关键。然而，从当前的研究和实践来看，AR学习资源画面普遍存在形式大于内容的问题，且该设计尚未形成一定的规范，容易给学习者的认知过程造成负面影响。因此，本书着力对AR学习资源的画面设计进行深入探讨，具体内容包括以下几个方面。

一、概念界定：AR学习资源画面

在分析增强现实和多媒体画面概念的基础上，本书界定了AR学习资源画面的概念：AR学习资源画面（简称"AR画面"），是一种基于数字化屏幕呈现的，利用图、文、声、像、交等多种视、听觉媒体要素综合表现的，将虚拟画面与现实世界画面按一定约束关系叠加而成的新型媒体画面。其中起增强作用的虚拟画面可称为"增强画面"，即A画面；通过对现实世界的摄取而得到的画面可称为"现实画面"，即R画面。AR画面区别于传统多媒体画面的特征包括空间视角、深层交互和具身形态。

二、模型构建：AR画面设计理论模型+AR画面设计操作模型

第一，构建了AR画面设计理论模型。本书以学习情境转化为逻辑起点，以亮点新质形成为核心目标，以A、R画面的有效融合为重点内容，以"语义融合+语用融合+语构融合"为设计框架，以注释设计、场景设计、交互设计为设计类型，构建了AR画面设计理论模型，旨在从理论分析的层面指明AR画面设计需要重点注意的内容以及总体的设计思路。最终形成的理论模型包含认知层与设计层两大层次，其中认知层包含多媒体学习理论等三种理论，设计层包含画面语义融合、画面语用融合和画面语构融合三个子层次。

第二，构建了AR画面设计操作模型。本书在理论模型的基础上，通过确定AR画面设计与教学内容的匹配度、各类AR画面设计的影响因素、AR画面的基本要素及属性，进一步构建了AR画面设计操作模型，目的在于将设计过程流程化，确保其对普通设计者的价值。最终形成的操作模型以知识类型分析为起点，以注释设计、场景设计、交互设计为分支，以完整的AR画面为终点。其中，每一条分支都在对教学内容、学习者、教师、媒介/环境分

析的基础上，遵循"关联匹配—要素选择—属性设置"的设计路径。

第三，推衍出基于操作模型的核心命题。本书从 AR 画面设计操作模型出发，推衍出 25 条可能会对具体设计实践产生作用的核心命题，作为设计策略提出的基础。

三、策略提出：注释设计策略+场景设计策略+交互设计策略

本书采用实验研究、访谈研究和内容分析的方法对部分核心命题进行了验证。

实验研究通过设置四个实验项目，部分验证了核心命题 8、10、14、20。具体实验项目包括：①实验 1：A 画面中"文""声"要素注释与学习者学习风格对 AR 学习效果的影响研究；②实验 2：A 画面中"图"要素的"维度"与学习者空间能力对 AR 学习效果的影响研究；③实验 3：A 画面中"文"要素的呈现位置与呈现设备对 AR 学习效果的影响研究；④实验 4：R 画面中"交"要素有无与 A 画面中"交"要素有无对 AR 学习效果的影响研究。四个实验的结果表明，命题 8、10、14、20 都得到了部分验证。

访谈研究旨在了解学习者对现有 AR 学习资源（来自"百度 AR"频道）的体会，找寻这些体会与已有核心命题的匹配关系，从而间接验证部分核心命题。访谈问题包括对特定 AR 学习资源优劣的评价以及对两类 AR 画面（有 R 画面干预、无 R 画面干预）的直观选择两部分。访谈结果表明，学习者的观点部分验证了命题 6、17、20、24、25。

内容分析旨在统计视频中学习者惯用的触屏交互手势，找寻手势与已有核心命题的匹配关系，间接验证部分核心命题，进而解决访谈研究中提到的"手势合理设计"的问题。内容分析结果表明，学习者的手势行为部分验证了命题 24。

最后在实验研究、访谈研究、视频内容分析结论的基础上，总结出用于指导 AR 画面注释设计、场景设计和交互设计的 8 条策略，如表 9-1 所示。

表 9-1 AR 画面设计策略

设计类型		策略内容
注释设计	策略 1-1	当 AR 画面中不存在声音信息时，可以适当地添加背景音乐来烘托氛围、消除学习者的倦怠感。但需要注意背景音乐的选择应与知识内容相关，且不能喧宾夺主
	策略 1-2	当 AR 画面欲传递的信息较为简明时，应避免只出现解说的情况，尽量用文字来呈现相关信息。设计 AR 画面时，应关注不同学习风格学习者的需要，特别是要为听觉型学习者提供合理的"文""声"搭配方案，以尽可能缩小其与视觉型学习者的差距。具体来说，可以为视觉型学习者仅提供文字信息，而为听觉型学习者提供文字+解说信息
	策略 1-3	当 AR 画面欲通过"图"来展现具有空间特征的事物时，应为学习者提供 3D 模型而非 2D 图片。设计 AR 画面时，应关注不同空间能力学习者的需要，特别是要为低空间能力学习者提供合理的"图"维度设置方案，以尽可能缩小其与高空间能力学习者的差距。具体来说，应当优先为低空间能力学习者提供 3D 模型

设计类型		策略内容
注释设计	策略 1-4	当 AR 画面需提供关于某一目标点的文字注释信息时,应保证将文字呈现在与目标点邻近的位置。设计 AR 画面时,要考虑不同屏幕尺寸呈现设备的选择问题,以确保学习效果的最优化。具体来说,应优先选择屏幕尺寸较大的平板电脑而非屏幕尺寸较小的智能手机
场景设计	策略 2-1	在设计 AR 画面时,不能被动地接受设备所摄录的场景,而应该主动对 R 画面的内容进行干预。干预时,需充分考虑 A、R 画面内容之间的关联,可以在并列关联、从属关联、因果关联之间做出选择,以确保 A、R 画面内容的内在一致性
交互设计	策略 3-1	在设计 AR 画面的交互功能时,应从 R 画面的交互和 A 画面的交互两方面进行思考。在确定两种交互的搭配问题时,应尽可能避免两种交互"同无"或"同有"的情况。如果 R 交互不易实施,可仅为学习者提供 A 交互;如果 R 交互容易实施,可以在 R 交互和 A 交互中任选其一
	策略 3-2	在设计 A 画面的交互时,应关注触屏手势的设计,力图使手势类别与学习者的交互意图及手势习惯相符。具体来讲,对于"移动"和"缩放"两种交互意图,应分别配合以"单指任意方向拖拽"和"双指开合"的触屏手势;对于"旋转"交互意图,应保证"单指任意方向旋转"和"双指任意方向旋转"两种触屏手势均可使用。为避免不同交互意图的手势产生冲突,可以在 AR 画面中呈现"移动""缩放"和"旋转"按钮,只有当学习者点击某一特定按钮后,才能激活相应触屏手势
	策略 3-3	当 AR 画面中涉及动作类知识时,为吸引学习者的注意,可以在画面中呈现由计算机生成的虚拟手势,用手势模拟真实动作以充当手势线索,辅助学习者完成交互

第二节 未来探索

本书所展示的增强现实学习资源画面优化设计研究还存在亟待改进之处,如 AR 画面设计模型的科学性有待进一步检验、梳理出的核心命题有待进一步完善和充分检验、实验中自主设计的 AR 学习资源类型有待扩展、实验中选取的被试有待进一步均衡等需要在未来的研究中进行深入探讨。

一、设计模型的再完善

当前的研究对所构建的 AR 画面设计理论模型和操作模型只是暂时接受,模型中所涉及的因素和设计行为还较为笼统,有待改进。因此,在后续的研究中,一方面需广泛收集来自设计者和使用者的主观意见及客观数据,用以验证和修正 AR 画面设计模型;另一方面需通过大量的设计实践对模型中的设计流程做更为细致的改进。

二、设计策略的再验证

本书仅对部分核心命题进行了实验验证，由此得出的设计策略只占很小的比例，难以全面指导 AR 画面设计实践。在后续的研究中，一方面需继续使用"实验研究+访谈研究+内容分析"的方法对未验证的核心命题进行探讨；另一方面，继续拓展核心命题，并关注命题在智能可穿戴显示设备和空间增强现实设备的条件下的合理性。

三、应用领域的具体化

本书描述的 AR 画面设计模型和设计策略主要是面向宏观设计而提出，对具体的 AR 画面类型、学习内容和学习环境缺乏足够的指导。在诸多 AR 学习资源类型中，AR 教材已成为教育信息化环境下的一种具有虚实融合特征的新型教材，实现了纸质教材与数字教材的完美融合，在互联网+背景下的教材建设工作中起到十分重要的作用。现有研究已经从提升用户体验的角度初步构建了 AR 教材的设计框架[①]，但尚处于理论思考阶段，未得到实践的检验。后续研究将继续关注 AR 教材的设计问题，着力探讨如何通过对具体学段 AR 教材画面的优化设计，实现技术赋能学习的目标，并推动 AR 技术在教育领域的大规模普及。

---

① 刘潇, 王志军, 曹晓静. 基于用户体验的增强现实教材设计研究[J]. 教学与管理, 2019, (33) : 75-78.

附　录

附录 A　专家意见征询问卷

一、《AR 画面优化设计》专家意见征询（第一轮）

尊敬的专家：

您好！

首先，感谢您接受我的邀请参与专家意见咨询！我是××大学教育技术学专业的在读博士生××，师从××教授，研究方向是多媒体画面语言学。我正在进行关于 AR 画面优化设计的学位论文研究，本次专家意见咨询将对我的博士论文进展有很大作用，真诚希望您对我咨询的问题提出宝贵意见，非常感谢您的帮助！

为探讨 AR 画面的优化设计策略，我根据国内外相关研究，根据 AR 画面的功能对 AR 画面进行了分类（实际的 AR 画面可能是三类画面的综合体，这里的分类是基于研究方便的考虑）：用于对真实世界进行注释的 AR 画面、用于为知识内容添加上下文线索的 AR 画面、用于对知识内容进行具身交互的 AR 画面，AR 画面案例分别如图 1、图 2、图 3 所示。

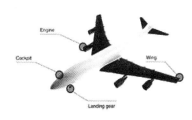 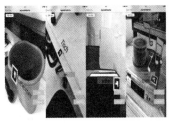 

图 1　真实世界注释 AR 画面　　　图 2　上下文可视化 AR 画面　　　图 3　具身交互 AR 画面

案例说明：图 1 所示的是真实世界中的飞机模型，指向飞机模型各个部件的虚拟文字信息起到为飞机模型进行注释的作用；图 2 所展示的知识内容是 "Tisch" 等德语单词，为加强学习者对德语单词的理解，画面为学习者提供了与单词相关的上下文实景，并将 "Tisch" 虚拟文本呈现在对应的实物 "桌子" 上；图 3 所针对的知识内容是 "太阳系"，学习者可以从太阳的视角操纵地球 3D 虚拟模型，并观看其发生的变化。

针对这三类 AR 画面，我想向您请教如下问题：

您认为这三类 AR 画面在提升学习效果（提高学习成绩、控制认知负荷、提升动机态度）方面分别受到哪些因素的影响？（表 1 所示的影响因素<不包含学习资源>涵盖学习者、教师、媒介/环境、教学内容四个维度，是我根据已有研究总结出来的，您可对表中所列的影响因

素进行增、删、改操作）

表 1 初步总结的 AR 学习效果影响因素

维度	影响因素
学习者	年龄、性别、学习风格、空间能力、知识水平、技能水平
教师	教学方法、操作技能
媒介/环境	学习场所、呈现设备类型（桌面显示器、手持设备、投影、头戴式显示器）、呈现设备屏幕尺寸、呈现设备可移动性、呈现设备可交互性、呈现设备响应速度
教学内容	知识类型（事实性知识、概念性知识、程序性知识、元认知知识）、知识难度

（1）真实世界注释 AR 画面在提升学习效果方面的影响因素（请填写，可增删改）：

（2）上下文可视化 AR 画面在提升学习效果方面的影响因素（请填写，可增删改）：

（3）具身交互 AR 画面在提升学习效果方面的影响因素（请填写，可增删改）：

再次感谢您抽出宝贵时间来填写本次的咨询问题，希望研究后期能继续得到您的支持！

二、《AR 画面优化设计》专家意见征询（第二轮）

尊敬的专家：

您好！

首先，感谢您接受我的邀请参与专家意见咨询！我是××大学教育技术学专业的在读博士生××，师从××教授，研究方向是多媒体画面语言学。我正在进行关于 AR 画面优化设计的学位论文研究，本次专家意见咨询将对我的博士论文进展有很大作用，真诚希望您对我咨询的问题提出宝贵意见，非常感谢您的帮助！

为探讨 AR 画面的优化设计策略，我根据国内外相关研究，根据 AR 画面的功能对 AR 画面进行了分类（实际的 AR 画面可能是三类画面的综合体，这里的分类是基于研究方便的考虑）：用于对真实世界进行注释的 AR 画面、用于为知识内容添加上下文线索的 AR 画面、用于对知识内容进行具身交互的 AR 画面，AR 画面案例分别如图 1、图 2、图 3 所示。

图 1 真实世界注释 AR 画面　　图 2 上下文可视化 AR 画面　　图 3 具身交互 AR 画面

案例说明：图 1 所示的是真实世界中的飞机模型，指向飞机模型各个部件的虚拟文字信息起到为飞机模型进行注释的作用；图 2 所展示的知识内容是"Tisch"等德语单词，为加强学习者对德语单词的理解，画面为学习者提供了与单词相关的上下文实景，并将"Tisch"虚拟文本呈现在对应的实物"桌子"上；图 3 所针对的知识内容是"太阳系"，学习者可以从太阳的视角操纵地球 3D 虚拟模型，并观看其发生的变化。

针对这三类 AR 画面，我想向您请教如下问题：

1.根据先前的研究，我已得出影响 AR 画面学习效果的因素，如表 1 所示，在这些因素中，您认为针对不同类别的 AR 画面，哪些因素更为重要？请对各影响因素的重要性进行评定，分值范围为 1~5 分，分值越高表明该因素影响力越大。

表 1　AR 学习效果影响因素

维度	影响因素
学习者	年龄、性别、学习风格、空间能力、知识水平、技能水平、兴趣爱好、专业背景、认知和情绪状态、AR 使用经验与熟悉度
教师	教学方法、操作技能、信息素养、学科背景、年龄、教龄、态度
媒介/环境	学习场所、呈现设备类型（桌面显示器、手持设备、投影、头戴式显示器）、呈现设备屏幕尺寸、呈现设备可移动性、呈现设备可交互性、呈现设备响应速度、呈现设备与其他设备的兼容性与匹配性、设备操作的难易程度及复杂性、设备的容错性及稳定性
教学内容	知识类型、知识难度

（1）真实世界注释 AR 画面在提升学习效果方面的影响因素重要性评定结果：

（2）上下文可视化 AR 画面在提升学习效果方面的影响因素重要性评定结果：

（3）具身交互 AR 画面在提升学习效果方面的影响因素重要性评定结果：

2.您认为这三类 AR 画面分别适合表达怎样的知识内容？表 2 所示的知识内容，是根据布鲁姆的教学目标分类体系得出的。

表 2　知识类型及内容

知识类型	知识内容
事实性知识	术语知识；具体细节和要素的知识
概念性知识	分类和类别的知识；原理和通则的知识；理论、模型和结构的知识
程序性知识	具体学科的技能和算法的知识；具体学科的技术与方法的知识；确定何时使用适当程序的准则知识
元认知知识	策略性知识；关于认知任务的知识；关于自我的知识

（1）真实世界注释 AR 画面适合表达的知识内容（请填写）：

（2）上下文可视化 AR 画面适合表达的知识内容（请填写）：

（3）具身交互 AR 画面适合表达的知识内容（请填写）：

再次感谢您抽出宝贵时间来填写本次的咨询问题，希望研究后期能继续得到您的支持！

附录 B 学习风格测试卷

尊敬的同学：

你好！这份调查是根据美国 J.Reid 博士设计的关于学习风格的测试量表编排的，目的在于了解你的学习风格。学习风格无高低优劣之分，请你依据自己的实际情况选择下列各题的答案。问卷共包含 30 条叙述，每条叙述包括 5 个选项，分数值从 1 到 5，表示你对该叙述的同意程度。5 表示非常同意，4 表示同意，3 表示中立，2 表示不同意，1 表示非常不同意。请你凭借第一感觉作答，作答后尽量不修改答案。请勿遗漏题目，非常感谢你的合作！

序号	叙述	1	2	3	4	5
1	当教师口头叙述教学要求时，我学习得更好					
2	我比较喜欢在课堂上通过表演或做活动来学习					
3	当和别人一起学习时，我的效率更高					
4	当和一组同学一起学习时，我会学到更多					
5	课堂上，当同别人一起学习时，我会学到更多					
6	通过看老师在黑板上写的内容，我可以学得更好					
7	课堂上，有人告诉我如何学习时，我会学得更好					
8	当我在课堂上参与活动时，我会学得更好					
9	我在课堂上专注听讲比阅读的效果更好					
10	当阅读练习要求时，我记得更清楚					
11	当能动手做一件东西的模型时，我能学到更多					
12	当阅读练习要求时，我理解得更好					
13	当独自学习时，我记得更清楚					
14	当动手完成某项学习任务时，我学得更好					
15	我喜欢在课堂上通过做实验来学习					
16	在笔记或书本上画些标记时，我学得更好					
17	在课堂上，听老师讲课时，我学得更好					
18	当独自学习时，我学得更好					
19	当在课堂上参与角色扮演时，我的学习效果更好					
20	在课堂上，当我倾听别人解说时，我会学得更好					
21	我喜欢和一两位同学一起研讨作业，完成任务					

序号	叙述	1	2	3	4	5
22	当自己制作与上课相关的教材时，更能记住上课所学的内容					
23	我喜欢和他人一起学习					
24	自由看书比听别人讲解学得快					
25	我喜欢参与班上的学习活动					
26	在课堂上参与相关活动时，我学得更好					
27	我在课堂上比单独学习效果好					
28	我喜欢单独进行复习，完成学习任务					
29	自己阅读教材比上课听讲学得更好					
30	我喜欢独自学习					

附录 C 空间能力测试卷

尊敬的同学：

你好！这份问卷改编自标准 MRT 心理旋转测试，目的在于了解你的空间能力。调查结果仅用于科研需要，无高低优劣之分，请你认真判断并作答（作答时间请勿超过 15min）。问卷共包含 10 道题，每道题包括 1 个标准图和 4 个测试图（A、B、C、D 四个选项）。测试图中有 2 个是由标准图旋转得到的，请将它们选出。请勿遗漏题目，非常感谢你的合作！

序号	标准图	测试图 A	测试图 B	测试图 C	测试图 D
1	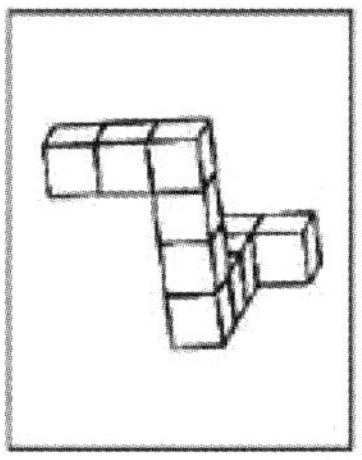	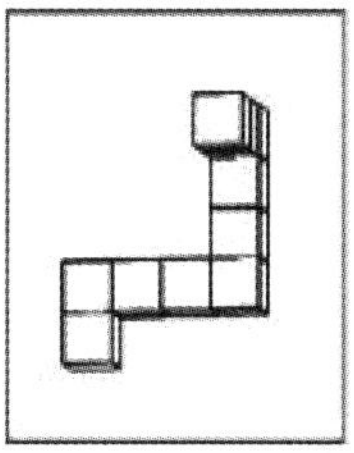		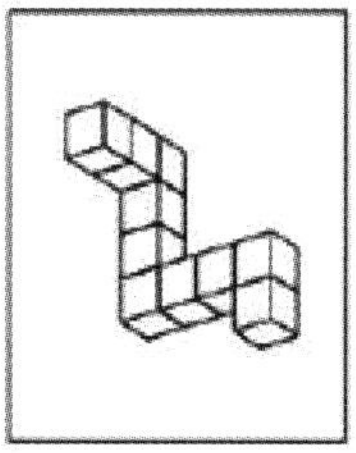	
2	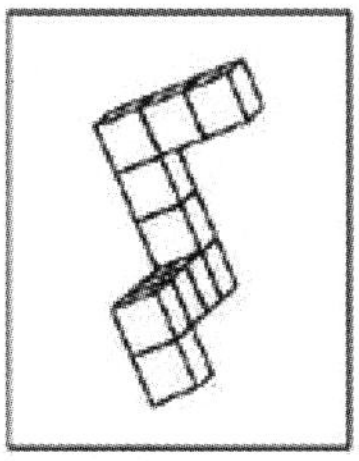	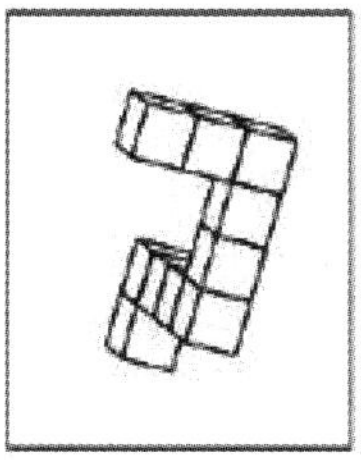	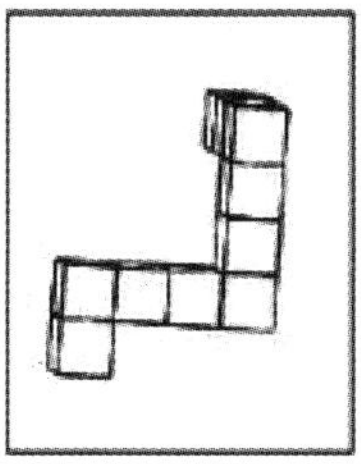	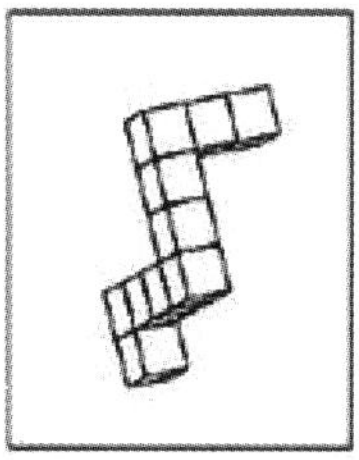	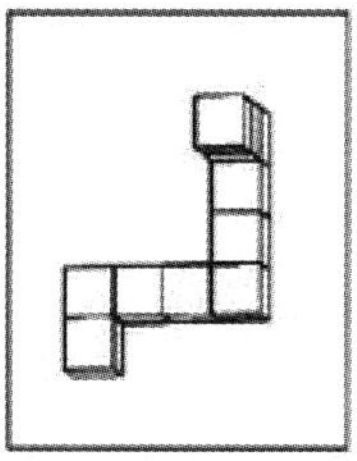
3	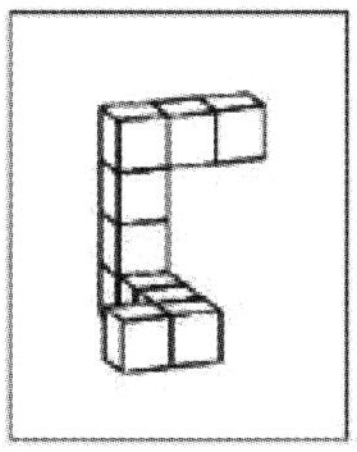	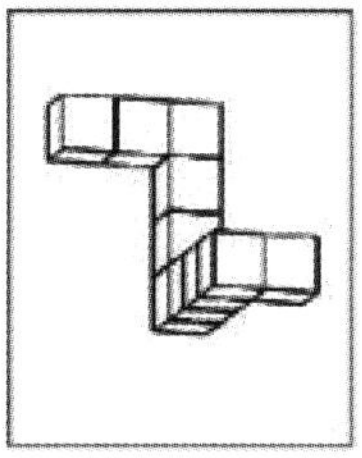	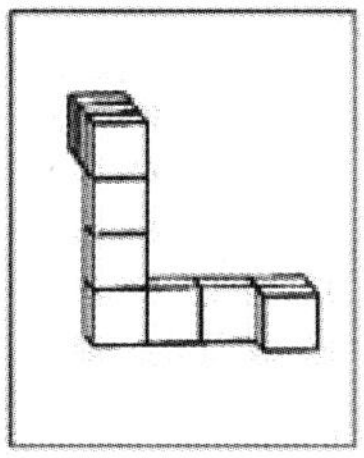		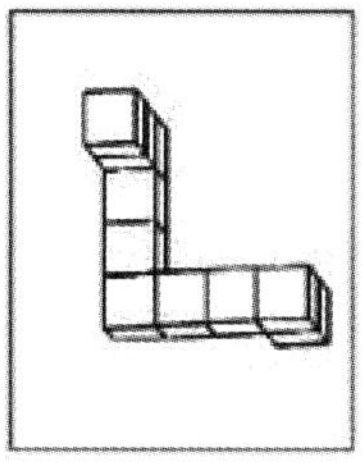
4	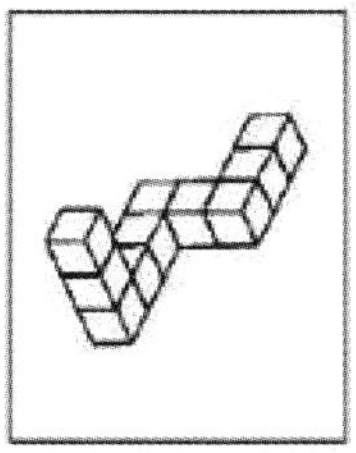	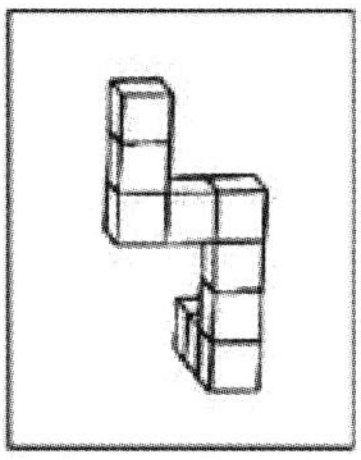	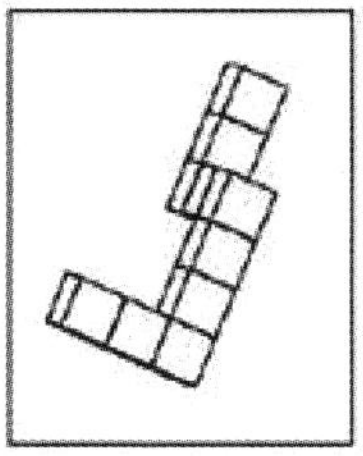	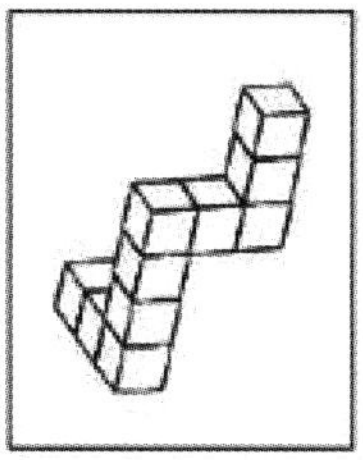	

序号	标准图	测试图 A	测试图 B	测试图 C	测试图 D
5					
6					
7					
8					
9					
10					

附录 D　学习动机测量卷

尊敬的同学：

　　你好！这份问卷改编自凯勒（Keller）的 IMMS 学习动机量表，目的在于了解你在参与 AR 学习过程中的学习动机。调查结果仅用于科研需要，无高低优劣之分，请你依据自己的实际情况选择下列各题的答案。问卷共包含 12 道题，每道题包括 5 个选项，分数值从 1 到 5，表示你对该叙述的同意程度。"1" 代表完全不同意，"5" 代表完全同意。请你凭第一感觉作答，作答后尽量不修改答案。请勿遗漏题目，非常感谢你的合作！

维度	序号	描述	1	2	3	4	5
注意	1	实验中 AR 学习材料的呈现方式令我很感兴趣					
	2	实验中 AR 学习材料的呈现方式激起了我继续学习的欲望					
	3	实验中 AR 学习材料的呈现方式有助于我保持注意力					
关联	4	实验中 AR 学习材料的呈现方式能满足我的学习需要					
	5	实验中 AR 学习材料的呈现方式与我的学习风格相匹配					
	6	实验中 AR 学习材料呈现的内容可以与我的日常生活联系起来					
自信	7	实验中 AR 学习材料的呈现方式使我对继续使用该材料学习相关内容充满了期待					
	8	通过实验获得的 AR 学习经验使我对自己学习知识的能力更有信心					
	9	我从 AR 学习材料中学到的知识主要来自我自己的努力和能力					
满意	10	实验中 AR 学习材料的呈现方式对于我的学习来说是有意义的					
	11	实验中 AR 学习材料的呈现方式使我在完成学业测试时感到得心应手					
	12	实验中 AR 学习材料的呈现方式使我在完成学习后获得了令人满意的成就感					

附录 E 认知负荷测量卷

尊敬的同学：

你好！这份问卷是根据哈特（Hart）等人提出 NASA-TLX 改编的，目的在于了解你在参与 AR 学习过程中的认知负荷。调查结果仅用于科研需要，无高低优劣之分，请你依据自己的实际情况选择下列各题的答案。问卷共包含 3 道题，每道题包括 8 个选项，分数值从 1 到 8，表示你在该题目上的自我评分。第一道题中，"1" 代表简单，"8" 代表要求过高；第二道题中，"1" 代表不难，"8" 代表非常困难；第三道题中，"1" 代表不努力，"8" 代表非常努力。请你凭第一感觉作答，作答后尽量不修改答案。请勿遗漏题目，非常感谢你的合作！

序号	项目	测量指标	表征	1	2	3	4	5	6	7	8
1	你认为本次学习任务简单还是要求很高？	任务要求	内在负荷								
2	对你来说，理解 AR 学习材料中的概念有多难？	心理努力	关联负荷								
3	为了顺利完成 AR 学习，你需要投入多大努力？	导航要求	外在负荷								

参考文献

专 著

[1] 何克抗, 李文光. 教育技术学（第 2 版）[M]. 北京：北京师范大学出版社, 2009.

[2] 林立甲. 基于数字技术的学习科学理论、研究与实践[M]. 上海：华东师范大学出版社, 2016.

[3] 全国十二所重点师范大学. 心理学基础[M]. 北京：教育科学出版社, 2002.

[4] 深圳中科呼图信息技术有限公司. 计算机视觉增强现实美术内容设计[M]. 北京：机械工业出版社, 2017.

[5] 孙崇勇, 李淑莲. 认知负荷理论及其在教学设计中的运用[M]. 北京：清华大学出版社, 2017.

[5] 王汉澜. 教育实验学[M]. 开封：河南大学出版社, 1992.

[7] 叶浩生. 具身认知的原理与应用[M]. 北京：商务印书馆, 2017.

[8] 游泽清. 多媒体画面艺术基础[M]. 北京：高等教育出版社, 2003.

[9] 游泽清. 多媒体画面艺术设计（第 2 版）[M]. 北京：清华大学出版社, 2013.

[10] E Klopfer. Augmented learning：Research and design of mobile educational games[M]. Cambridge, MA：MIT Press, 2008.

期刊论文

[1] 蔡苏, 王沛文, 杨阳, 等. 增强现实(AR)技术的教育应用综述[J]. 远程教育杂志, 2016, (05)：27-40.

[2] 蔡苏, 张晗, 薛晓茹, 等. 增强现实(AR)在教学中的应用案例评述[J]. 中国电化教育, 2017, (03)：1-9, 30.

[3] 柴阳丽, 陈向东. 面向具身认知的学习环境研究综述[J]. 电化教育研究, 2017, (09)：71-77, 101.

[4] 陈洪澜. 论知识分类的十大方式[J]. 科学学研究, 2007, (01)：26-31.

[5] 陈员, 靳铁军. 胡塞尔知觉现象学中的"动觉"理论[J]. 四川师范大学学报（社会科学版）, 2018, (06)：55-61.

[6] 程利, 杨治良. 大学生阅读插图文章的眼动研究[J]. 心理科学, 2006, (03)：593-596, 562.

[7] 丁道群, 罗扬眉. 认知风格和信息呈现方式对学习者认知负荷的影响[J]. 心理学探新,

2009, (03): 37-40, 68.

[8] 樊雅琴, 吴磊, 孙东梅, 等. 微课应用效果的影响因素分析[J]. 现代教育技术, 2016, (02): 59-64.

[9] 冯小燕, 王志军, 吴向文. 我国教育技术领域眼动研究的现状与趋势分析[J]. 中国远程教育, 2016, (10): 22-29.

[10] 何克抗. 运用"新三论"的系统方法促进教学设计理论与应用的深入发展[J]. 中国电化教育, 2010 (01): 7-18.

[11] 黄莺, 彭丽辉, 杨新德. 知识分类在教学设计中的作用——论对布卢姆教育目标分类学的修订[J]. 教育评论, 2008, (05): 165-168.

[12] 蒋晓丽, 梁旭燕. 场景: 移动互联时代的新生力量——场景传播的符号学解读[J]. 现代传播 (中国传媒大学学报). 2016, (03): 12-16, 20.

[13] 康诚, 周爱保. 信息呈现方式与认知风格对多媒体环境下学习效果的影响[J]. 心理科学, 2010, (06): 1397-1400.

[14] 李青, 赵越. 具身学习国外研究及实践现状述评——基于 2009—2015 年的 SSCI 期刊文献[J]. 远程教育杂志, 2016, (05): 59-67.

[15] 李寿欣, 周颖萍. 个体认知方式与材料复杂性对视空间工作记忆的影响[J]. 心理学报, 2006, 38 (04): 523-531.

[16] 李文, 杜娟, 王以宁. 信息化建设薄弱地区中小学骨干教师信息技术应用能力影响因素分析[J]. 中国电化教育, 2018, (03): 115-122.

[17] 李智晔. 多媒体学习的认知——传播模型及其基本特征[J]. 教育研究, 2013, (08): 112-116.

[18] 刘丽华, 李明君. 意象图式理论研究的进展与前沿[J]. 哈尔滨工业大学学报 (社会科学版), 2008, (07): 110-117.

[19] 刘世清, 周鹏. 教育网页的结构差异分析及优化设计——基于文本—动画类教育网页的实验研究[J]. 教育研究, 2012, (06): 118-122.

[20] 刘世清, 周鹏. 文本—图片类教育网页的结构特征与设计原则——基于宁波大学的眼动实验研究[J]. 教育研究, 2011, (11): 99-103.

[21] 刘潇, 王志军. 空间邻近效应如何影响增强现实学习认知负荷[J]. 数字教育, 2021, (06): 39-45.

[22] 刘潇, 王志军, 曹晓静. 基于用户体验的增强现实教材设计研究[J]. 教学与管理, 2019, (33): 75-78.

[23] 刘潇, 王志军, 曹晓静, 等. AR 技术促进科学教育的实验研究[J]. 实验室研究与探索, 2019, (08): 179-183, 208.

[24] 刘潇, 王志军, 李芬, 等. 增强现实技术助力幼儿汉字学习的效果及策略研究[J]. 中国教育信息化, 2019, (02): 13-18.

[25] 罗玛, 王祖浩. 基于 ISM 与 AHP 的学生信息素养影响因素研究[J]. 中国电化教育, 2018, (04): 5-11, 28.

[26] 庞维国. 认知负荷理论及其教学涵义[J]. 当代教育科学, 2011, (12): 23-28.

[27] 苏丽. 现象学视角下感觉运动理论之反思——以知觉内容的双重性为特征[J]. 哲学研究, 2016, (05): 17-21.

[28] 汪存友. 增强现实教育应用产品研究概述[J]. 现代教育技术, 2016, (05): 95-101.

[29] 王国华, 张立国. 增强现实教育应用: 潜力、主题及挑战[J]. 现代教育技术, 2017, (10): 12-18.

[30] 王金德. 动觉型学生的学习优势和策略[J]. 铜仁学院学报, 2013, (01): 119-122.

[31] 王珏, 张屹, 李智晔, 等. 文章难度与呈现方式对多媒体阅读的影响——基于 H 学院的眼动实验分析[J]. 现代教育技术, 2018, (05): 26-32.

[32] 王林海, 刘秀云. 基于概念整合理论的多模态隐喻性语篇的解读[J]. 外语电化教学, 2013, (06): 28-33.

[33] 王培霖, 梁奥龄, 罗柯, 等. 增强现实（AR）: 现状、挑战及产学研一体化展望[J]. 中国电化教育, 2017, (03): 16-23.

[34] 王雪, 周围, 王志军, 等. MOOC 教学视频的优化设计研究——以美国课程中央网站 Top20 MOOC 为案例[J]. 中国远程教育, 2018, (05): 45-54.

[35] 王雪, 周围, 王志军. 教学视频中交互控制促进有意义学习的实验研究[J]. 远程教育杂志, 2018, (01): 97-105.

[36] 王雪. 多媒体学习研究中眼动跟踪实验法的应用[J]. 实验室研究与探索, 2015, (03): 190-193, 201.

[37] 王映学. 论体验学习: 目标、过程与评价[J]. 教育理论与实践, 2015, (28): 61-64.

[38] 王宇, 汪琼. 慕课环境下的真实学习设计: 基于情境认知的视角[J]. 中国远程教育, 2018, (03): 5-13, 79.

[39] 王玉鑫, 谢和平, 王福兴, 等. 多媒体学习的图文整合: 空间邻近效应的元分析[J]. 心理发展与教育, 2016, (05): 565-578.

[40] 王志军, 刘潇. 促进学习情境转化的增强现实学习资源设计研究[J]. 中国电化教育, 2019, (06): 114-122.

[41] 王志军, 王雪. 多媒体画面语言学理论体系的构建研究[J]. 中国电化教育, 2015, (07): 42-48.

[42] 吴红耘. 修订的布卢姆目标分类与加涅和安德森学习结果分类的比较[J]. 心理科学, 2009, (04): 994-996.

[43] 徐鹏, 刘艳华, 王以宁. 国外增强现实技术教育应用研究演进和热点——基于 SSCI 期刊文献的知识图谱分析[J]. 开放教育研究, 2016, (06): 74-80.

[44] 徐振国, 陈秋惠, 张冠文. 新一代人机交互: 自然用户界面的现状、类型与教育应用探究——兼对脑机接口技术的初步展望[J]. 远程教育杂志, 2018, (04): 39-48.

[45] 闫国利, 伏干, 白学军. 不同难度阅读材料对阅读知觉广度影响的眼动研究[J]. 心理科学, 2008, (06): 1287-1290.

[46] 杨南昌, 刘晓艳. 具身学习设计: 教学设计研究新取向[J]. 电化教育研究, 2014, (07): 24-29, 65.

[47] 杨宗凯, 杨浩, 吴砥. 论信息技术与当地教育的深度融合[J]. 教育研究, 2014, (03): 88-95.

[48] 叶浩生. 镜像神经元的意义[J]. 心理学报, 2016, (04): 444-456.

[49] 易仲怡, 杨文登, 叶浩生. 具身认知视角下软硬触觉经验对性别角色认知的影响[J]. 心理学报, 2018, 50 (07): 793-802.

[50] 游泽清, 卢铁军. 谈谈"多媒体"概念运用中的两个误区[J]. 电化教育研究, 2005, (06): 5-8.

[51] 于翠波, 李青, 刘勇. 增强现实（AR）技术的教育研究现状及发展趋势——基于 2011—2016 中英文期刊文献分析[J]. 远程教育杂志, 2017, (04): 104-112.

[52] 余日季, 蔡敏, 蒋帅. 基于移动终端和 AR 技术的博物馆文化教育体验系统的设计与应用研究[J]. 中国电化教育, 2017, (03): 31-35.

[53] 张二虎. 论陈述性知识与程序性知识的关系[J]. 太原师范学院学报（社会科学版）, 2005, (01): 128-129.

[54] 张露, 尚俊杰. 基于学习体验视角的游戏化学习理论研究[J]. 电化教育研究, 2018, (06): 11-20, 26.

[55] 张四方, 江家发. 科学教育视域下增强现实技术教学应用的研究与展望[J]. 电化教育研究, 2018, (07): 64-69, 90.

[56] 郑红苹, 吴文. 冯特手势理论的语言学分析[J]. 外国语文（双月刊）, 2017, (06): 68-74.

[57] 郑旭东, 吴秀圆, 王美倩. 多媒体学习研究的未来: 基础、挑战与趋势[J]. 现代远程教育研究, 2013, (06): 19-22.

[58] 郑玉玮, 王亚兰, 崔磊. 眼动追踪技术在多媒体学习中的应用: 2005—2015 年相关研究的综述[J]. 电化教育研究, 2016, (04): 68-76, 91.

[59] 周丽丽, 姚欣茹, 汤征宇, 等. 触觉信息处理及其脑机制[J]. 科技导报, 2017, 35 (19): 37-43.

[60] 周灵, 张舒予, 朱金付, 等. 增强现实教科书的设计研究与开发实践[J]. 现代教育技术, 2014, (09): 107-113.

[61] 周荣庭, 曹雅慧. 具身认知理论下增强现实图书创新设计策略[J]. 科技与出版, 2018, (11): 110-114.

[62] 周森, 尹邦满. 增强现实技术及其在教育领域的应用现状与发展机遇[J]. 电化教育研究, 2017, (03): 86-93.

[63] 朱午静, 李晓丽. 概念整合理论对医学英语词汇的教学启示[J]. 内蒙古师范大学学报（教育科学版）, 2013, (10): 136-137.

[64] ［荷］焕彩熙, 杰伦·J. G. 范梅里恩伯尔, 弗莱德·帕斯. 物理环境对认知负荷和学习的影响: 认知负荷新模型探讨[J]. 开放教育研究, 2018, (01): 63-67.

[65] A Clark, A Dünser. An Interactive Augmented Reality Coloring Book[J]. 3d User Interfaces, 2011, 85 (85): 25.

[66] A D Serio, C D Kloos. Impact of an Augmented Reality System on Students' Motivation

for a Visual Art Course[J]. Computers & Education, 2013, 68：586-596.

[67] A K Dubé, R N Mcewen. Do Gestures Matter? The Implications of Using Touchscreen Devices in Mathematics Instruction[J]. Learning and Instruction, 2015, （40）：89-98.

[68] A M Borrero, J M A Márquez. A Pilot Study of the Effectiveness of Augmented Reality to Enhance the Use of Remote Labs in Electrical Engineering Education[J]. Journal of Science Education & Technology, 2012, 21（05）：540-557.

[69] C Diaz, M Hincapié, G Moreno. How the Type of Content in Educative Augmented Reality Application Affects the Learning Experience[J]. Procedia Computer Science, 2015, 75：205-212.

[70] C H Chen, Y Y Chou, C Y Huang. An Augmented-Reality-Based Concept Map to Support Mobile Learning for Science[J].The Asia-Pacific Education Researcher, 2016, 25（04）：567-578.

[71] C H Teng, S S Peng. Augmented-Reality-Based 3D Modeling System Using Tangible Interface[J]. Sensors and Materials, 2017, 29（11）：1545-1554.

[72] C M Chen, Y N Tsai. Interactive Augmented Reality System for Enhancing Library Instruction Inelementary Schools[J]. Computers & Education, 2012, 59（02）：638-652.

[73] E Klopfer, J Sheldon. Augmenting Your Own Reality：Student Authoring of Science-Based Augmented Reality Games[J]. New Directions for Youth Development, 2010, （128）： 85.

[74] E M Riggs. Relating Gestures and Speech：An Analysis of Students' Conceptions about Geological Edimentary Processes[J]. International Journal of Science Education, 2013, 35（12）：1979-2003.

[75] F Huang, Y Zhou, Y Yu, et al. Piano AR：A Markerless Augmented Reality Based Piano Teaching System[J]. International Conference on Intelligent Human-Machine Systems & Cybernetics, 2011, 2：47-52.

[76] F Paas, J E Tuovinen, H Tabbers, et al. Cognitive Load Measurement as a Means to Advance Cognitive Load Theory[J]. Educational Psychologist, 2003, 38（01）：63-71.

[77] F Pais, S Vasconcelos, S Capitão, et al. Mobile Learning and Augmented Reality[J]. Information Systems & Technologies, 2011：1-4.

[78] F G W C Paas, J J G Van Merriënboer. Variability of Worked Examples and Transfer of Geometrical Problem-Solving Skills：A Cognitive-Load Approach[J]. Journal of Educational Psychology, 1994, 86（01）：122-133.

[79] G Reitmayr, D Schmalstieg. Collaborative Augmented Reality for Outdoor Navigation and Information Browsing[J]. Proceedings of the Symposium on Location Based Services & Telecartography, 2004：31-41.

[80] H Kato, G Yamamoto, J Miyazaki, et al. Augmented Reality Learning Experiences：Survey of Prototype Design and Evaluation[C]. IEEE Transactions on Learning Technologies, 2014, 7（01）：38-56.

[81] Harry E. Pence. Smartphones, Smart Objects, and Augmented Reality[J]. Reference

Librarian, 2010, 52（1-2）：136-145.

[82] H K Wu, S W Y Lee, H Y Chang, et al. Current Status, Opportunities and Challenges of Augmented Reality in Education[J]. Computers & Education, 2013, 62：41-49.

[83] I Radu. Augmented Reality in Education：a Meta-Review and Cross-Media Analysis[J]. Personal & Ubiquitous Computing, 2014, 18,（06）：1533-1543.

[84] J Bacca, S Baldiris, R Fabregat, et al. Augmented Reality Trends in Education：A Systematic Review of Research and Applications[J]. Journal of Educational Technology & Society, 2014, 17（04）：133-149.

[85] J Green, T Green, A Brown. Augmented Reality in the K-12 Classroom[J]. Techtrends, 2016, 61（05）：1-3.

[86] J He, J Ren, G Zhu, et al. Mobile-Based AR Application Helps to Promote EFL Children's Vocabulary[C]. 2014 IEEE 14th International Conference on Advanced Learning Technologies, 2014, 7：431-433.

[87] M E C Santos, A I W Lübke, T Taketomi, et al. Augmented Reality as Multimedia：the Case for Situated Vocabulary Learning[J]. Research & Practice in Technology Enhanced Learning, 2016, 11（01）：1-23.

[88] J Martín-Gutiérrez, J L Saorín, M Contero, et al. Design and Validation of an Augmented Book for Spatial Abilities Development in Engineering Students[J]. Computers & Graphics, 2010, 34（01）：77-91.

[89] J Pejoska, M Bauters, J Purma, et al. Social Augmented Reality：Enhancing Context-Dependent Communication and Informal Learning at Work[J]. British Journal of Educa- tional Technology, 2016, 47（03）：474-483.

[90] J M Harley, E G Poitras, A Jarrell, et al. Comparing Virtual and Location-Based Augmented Reality Mobile Learning：Emotions and Learning Outcomes[J]. Educational Technology Research & Development, 2016, 64（03）：359-388.

[91] K Bokyung. Investigation on the Relationships among Media Characteristics, Presence, Flow, and Learning Effects in Augmented Reality Based Learning[J]. International Journal for Education Media and Technology, 2008, 2（01）：4-14.

[92] K Lee. Augmented Reality in Education and Training[J]. Techtrends, 2012, 56（02）：13-21.

[93] K H Cheng, C C Tsai. Affordances of Augmented Reality in Science Learning：Suggestions for Future Research[J]. Journal of Science Education and Technology, 2013, 22（04）：449-462.

[94] Konrad J. Schönborn, P Bivall, Lena A. E. Tibell. Exploring Relationships Between Students'Interaction and Learning with a Haptic Virtual Biomolecular Model[J]. Computers & Education, 2011, 57：2095-2105.

[95] K R Bujak, I Radu, R Catrambone, et al. A Psychological Perspective on Augmented Reality in the Mathematics Classroom[J]. Computers & Education, 2013, 68：536- 544.

[96] Kun-Hung Cheng, Chin-Chung Tsai. Affordances of Augmented Reality in Science Learning:Suggestions for Future Research[J]. Journal of Science Education and Technology, 2013,（22）:449-462.

[97] L Simeone, S Iaconesi. Anthropological Conversations:Augmented Reality Enhanced Artifacts to Foster Education in Cultural Anthropology[J]. IEEE International Conference on Advanced Learning Technologies, 2011:126-128.

[98] M Billinghurst, A Dünser. Augmented Reality in the Classroom[J]. Computer, 2012, 45(07):56-63.

[99] M Contero, M Ortega. Education:Design and Validation of an Augmented Book for Spatial Abilities Development in Engineering Students[J]. Computers & Graphics, 2010, 34(01): 77-91.

[100] M Dunleavy, C Dede, R Mitchell. Affordances and Limitations of Immersive Participatory Augmented Reality Simulations for Teaching and Learning[J]. Journal of Science Education & Technology, 2009, 18(01):7-22.

[101] M Power, S Barma, S Daniel. Mind your Game, Game your Mind! Mobile Gaming for Co-Constructing Knowledge[J]. Ed-Media, 2011, 2011(01):324-334.

[102] M E C Santos, A Chen, T Taketomi, et al. Augmented Reality Learning Experiences: Survey of Prototype Design and Evaluation[J]. IEEE Transactions on Learning Technologies, 2014, 7(01):38-56.

[103] M E C Santos, A I W Lübke, T Taketomi, et al. Augmented Reality as Multimedia:The Case for Situated Vocabulary Learning[J]. Research & Practice in Technology Enhanced Learning, 2016, 11(01):1-23.

[104] N Enyedy, J A Danish, D Deliema. Constructing Liminal Blends in a Collaborative Augmented-Reality Learning Environment[J]. International Journal of Computer-Supported Collaborative Learning, 2015, 10(01):7-34.

[105] N A M E Sayed, H H Zayed, M I Sharawy. ARSC:Augmented Reality Student Card[J]. Computers & Education, 2011, 56(04):1045-1061.

[106] P Milgram, H Takemura, A Utsumi, et al. Augmented Reality:A Class of Displays on the Reality-Virtuality Continuum[J]. Telemanipulator & Telepresence Technologies, 1994, 2351: 282-292.

[107] P Sommerauer, O Müller. Augmented Reality in Informal Learning Environments:A Field Experiment in a Mathematics Exhibition[J]. Computers & Education, 2014, 79:59-68.

[108] P G Clifton, J S K Chang, G Yeboah, et al. Design of Embodied Interfaces for Engaging Spatial Cognition[J]. Cognitive Research:Principles and Implications, 2016.

[109] Roland Brunken, Jan L. Plass & Detlev Leutner. Direct Measurement of Cognitive Load in Multimedia Learning[J]. Educational Psychologist, 2003, 38(01):53-61.

[110] R T Azuma. A Survey of Augmented Reality[J]. Presence:Teleoperators and Virtual Environments, 1997, 6(04):355-385.

[111] S Matsutomo, T Miyauchi, S Noguchi, et al. Real-Time Visualization System of Magnetic Field Utilizing Augmented Reality Technology for Education[J]. IEEE Transactions on Magnetics, 2012, 48 (02) : 531-534.

[112] S Sylaiou, K Mania, A Karoulis, et al. Exploring the Relationship between Presence and Enjoyment in a Virtual Museum[J]. International Journal of Human-Computer Studies, 2010, 68 (05) : 243-253.

[113] S G Hart, L E Staveland. Development of NASA-TLX (Task Load Index) : Results of Empirical and Theoretical Research[J]. Advances in Psychology, 1988, 52 (06) : 139-183.

[114] S G Vandenberg, A R Kuse. Mental Rotations, A Group Test of Three-Dimensional Spatial Visualization [J]. Perceptual and Motor Skills, 1978, 47 : 599-604.

[115] S J Kim, A K Dey. Augmenting Human Senses to Improve the User Experience in Cars : Applying Augmented Reality and Haptics Approaches to reduce cognitive distances[J]. Multimedia Tools & Applications, 2015, (16) : 1-21.

[116] T Blum, V Kleeberger, C Bichlmeier, et al. Mirracle : An Augmented Reality Magic Mirror System for Anatomy Education[J]. Virtual Reality Short Papers & Posters, 2012, 3 (01) : 115-116.

[117] T Iwata, T Yamabe, T Nakajima. Augmented Reality Go : Extending Traditional Game Play with Interactive Self-Learning Support[J]. IEEE International Conference on Embedded & Real-time Computing Systems & Applications, 2011, 1 : 105-114.

[118] T Yamabe, H Asuma, S Kiyono, et al. Feedback Design in Augmented Musical Instruments : A Case Study with an AR Drum Kit[J]. IEEE International Conference on Embedded & Real-time Computing Systems & Applications, 2011, 2 (02) : 126-129.

[119] T N Arvanitis, A Petrou, JF Knight, et al. Human Factors and Qualitative Pedagogical Evaluation of a Mobile Augmented Reality System for Science Education used by learners with physical disabilities[J]. Personal & Ubiquitous Computing, 2009, 13 (03) : 243-250.

[120] T R Meredith. Using Augmented Reality Tools to Enhance Children's Library Services[J]. Technology Knowledge & Learning, 2015, 20 (01) : 1-7.

[121] T Y Liu. A Context-Aware Ubiquitous Learning Environment for Language Listening and Speaking[J]. Journal of Computer Assisted Learning, 2009, 25 (06) : 515-527.

[122] Y Motokawa, H Saito. Support System for Guitar Playing Using Augmented Reality Display[J]. IEEE & Acm International Symposium on Mixed & Augmented Reality, 2006 : 243-244.

学位论文

[1] 曹晓静. 学习资源画面色彩表征影响学习注意的研究[D]. 天津：天津师范大学, 2020.

[2] 常宏杰. 认知风格与 E-learning 培训课程学习效果的眼动研究[D]. 天津：天津师范大

学, 2013.

[3] 陈铮. 信息呈现方式和学生的认知风格对多媒体环境下科学学习效果影响的实验研究[D]. 重庆：西南师范大学, 2004.

[4] 程一君. 增强现实技术在教育软件产品交互设计中的应用研究[D]. 苏州：苏州大学, 2015.

[5] 费玉萍. 通道原则中的多媒体呈现方式对小学生学习组合图形面积计算影响的实证研究[D]. 上海：上海师范大学, 2018.

[6] 冯小燕. 促进学习投入的移动学习资源画面设计研究[D]. 天津：天津师范大学, 2018.

[7] 康诚. 信息呈现方式与学习者的认知风格、空间能力对多媒体环境下学习效果的影响[D]. 兰州：西北师范大学, 2007.

[8] 刘颖. 感知学习风格对通道效应的影响研究[D]. 保定：河北大学, 2014.

[9] 栾文娣. 多媒体学习效果研究[D]. 南京：南京师范大学, 2007.

[10] 罗颖. 基于增强现实的交互界面设计研究[D]. 武汉：华中科技大学, 2012.

[11] 聂丽. 知识类型和呈现方式对不同认知风格个体学习的影响[D]. 南京：南京师范大学, 2014.

[12] 乔辰. 增强现实学具的开发与应用[D]. 上海：华东师范大学, 2014.

[13] 孙慧中. 视觉的双通道理论与感觉运动理论之争——以"经验盲"研究为例[D]. 济南：山东大学, 2014.

[14] 王雪. 多媒体画面中文本要素设计规则的实验研究[D]. 天津：天津师范大学, 2015.

[15] 王中宝. 触屏手机中手势交互的设计研究[D]. 无锡：江南大学, 2013.

[16] 温小勇. 教育图文融合设计规则的构建研究[D]. 天津：天津师范大学, 2017.

[17] 吴姗. 基于手机端的增强现实技术产品的情感化设计[D]. 北京：北京印刷学院, 2017.

[18] 吴向文. 数字化学习资源中多媒体画面的交互性研究[D]. 天津：天津师范大学, 2018.

[19] 向书桂. 研究生历史现在时水平与感知学习风格相关性研究[D]. 长沙：长沙理工大学, 2010.

[20] 肖玉琴. 通道效应在交互性多媒体学习环境中的有效性研究[D]. 长沙：湖南师范大学, 2010.

[21] 谢亚静. 空间能力和动画组织形式对多媒体学习效果的影响[D]. 武汉：华中师范大学, 2014.

[22] 杨永帅. 交互方式对冗余效应的影响及其原因探究——基于眼动实验的研究[D]. 宁波：宁波大学, 2014.

[23] 赵伟仲. 基于虚实结合的界面信息设计研究[D]. 北京：北京邮电大学, 2013.

[24] 周大镕. 基于增强现实的体验式教学演示软件的设计与实现[D]. 南宁：广西师范大学, 2011.

[25] N Slijepcevic. The Effect of Augmented Reality Treatment on Learning, Cognitive Load, and Spatial Visualization Abilities [D]. Lexington：University of Kentucky, 2013.

会议论文

[1] B Kraut, J Jeknic. Improving Education Experience with Augmented Reality（AR）[C]. 2015 38th International Convention on Information and Communication Technology, Electronics and Microelectronics（MIPRO）, 2015：755-760.

[2] B E Shelton, N R Hedley. Using Augmented Reality for Teaching Earth-Sun Relationships to Undergraduate Geography Students[C]. Augmented Reality Toolkit, the First IEEE International Workshop, 2002：8.

[3] D Pérezlópez, M Contero, M Alcañiz. Collaborative Development of an Augmented Reality Application for Digestive and Circulatory Systems Teaching[C]. IEEE International Conference on Advanced Learning Technologies, 2010：173-175.

[4] H Kato, G Yamamoto, J Miyazaki, et al. Augmented Reality Learning Experiences：Survey of Prototype Design and Evaluation[C]. IEEE Transactions on Learning Technologies, 2014, 7（01）：38-56.

[5] H Kaufmann. Virtual and Augmented Reality as Spatial Ability Training Tools[C]. Acm Sigchi New Zealand Chapters International Conference on Computer-human Interaction：Design Centered Hci, 2006, 158：125-132.

[6] H Nakasugi, Y Yamachi. Past Viewer：Development of Wearable Learning System for History Education[C]. International Conference on Computers in Education, 2002, 2（01）：1311-1312.

[7] J He, J Ren, G Zhu, S Cai, et al. Mobile-Based AR Application Helps to Promote EFL Children's Vocabulary Study[C]. 2014 IEEE 14th International Conference on Advanced Learning Technologies, Athens, 2014：431-433.

[8] J Keil, M Zollner, M Becker, et al. The House of Olbrich——An Augmented Reality tour Through Architectural History[C]. IEEE International Symposium on Mixed & Augmented Reality-arts, Media & Humanities, 2011：15-18.

[9] LA Damayanti, J lkhsan. Development of Monograph Titled "Augmented Chemistry Aldehida & Keton" with 3 Dimensional（3D）Illustration as a Supplement Book on Chemistry learning[C]. American Institute of Physics Conference Series, 2017, 1847（01）：19-28.

[10] M Fjeld, D Hobi, P Juchli. Teaching Electronegativity and Dipole Moment in a TUI[C]. IEEE International Conference on Advanced Learning Technologies, 2004：792-794.

[11] M Phadung, N Wani, NA Tongmnee. The development of AR Book for Computer Learning[C].International Conference on Research, 2017, 1868 (01)：050034.

[12] M E C Santos, A Chen, T Taketomi, et al. Augmented Reality Learning Experiences：Survey of Prototype Design and Evaluation [C].IEEE Transactions on Learning Technologies, 2014, 7（01）：38-56.

[13] N Li, Y X Gu, L Chang, et al. Influences of AR-Supported Simulation on Learning

Effectiveness in Face-to-face Collaborative Learning for Physics[C]. IEEE International Conference on Advanced Learning Technologies, 2011, 10（03）：320-322.

[14] P Vate-U-Lan. Augmented Reality 3D Pop-up Children Book：Instructional Design for Hybrid Learning[C]. IEEE International Conference on E-learning in Industrial Electronics, 2011：95-100.

[15] Q M Li, Y M Chen, D Y Ma, et al. Design and Implementation of a Chinese Character Teaching System Based on Augmented Reality Interaction Technology[C]. IEEE International Conference on Computer Science & Automation Engineering, 2011, 2：322-326.

[16] R Freitas, P Campos. SMART：a SysteM of Augmented Reality for Teaching 2nd Grade students[C]. Proceedings of the 22nd British HCI Group Annual Conference on People and Computers：Culture, Creativity, Interaction, 2008, 2：27-30.

[17] S Sotiriou, S Anastopoulou, S Rosenfeld, et al. Visualizing the Invisible：The Connect Approach for Teaching Science[C]. International Conference on Advanced Learning Technologies, 2006：1084-1086.

[18] W Tarng, K L Ou. A Study of Campus Butterfly Ecology Learning System Based on Augmented Reality and Mobile Learning[C]. IEEE Seventh International Conference on Wireless, 2012：62-66.

[19] Y Fujimoto, G Yamamoto, T Taketomi, et al. Relationship between Features of Augmented Reality and User Memorization[C]. Augmented Human International Conference, 2012.

[20] Y C Chen. A study of Comparing the Use of Augmented Reality and Physical Models in Chemistry Education[C]. Acm International Conference on Virtual Reality Continuum & Its Applications, 2006：369-372.

[21] Y J Chang, C H Chen, WT Huang, et al. Investigating Students' Perceived Satisfaction, Behavioral Intention, and Effectiveness of English Learning Using Augmented Reality[C]. IEEE International Conference on Multimedia & Expo, Barcelona, 2011:1-6.